TOP 10
cumbres de Euskal Herria
a vista de geólogo

FORMATO MOCHILA

TOP 10
cumbres de Euskal Herria
a vista de geólogo

FORMATO MOCHILA

Javier Arostegi García,
Arturo Apraiz Atutxa,
Luis M. Martínez-Torres

(Departamento de Geología)

eman ta zabal zazu

Universidad   Euskal Herriko
del País Vasco   Unibertsitatea

CIP. Biblioteca Universitaria

Arostegi, Javier

TOP 10 cumbres de Euskal Herria a vista de geólogo. Formato mochila / Javier Arostegi, Arturo Apraiz Atutxa, Luis M. Martínez-Torres (Departamento de Geología). – [Leioa] : Universidad del País Vasco / Euskal Herriko Unibertsitatea, Argitalpen Zerbitzua = Servicio Editorial, D.L. 2025. – 142 p. : il. col. ; 24 cm.

D.L.: BI 00728-2025. — ISBN: 978-84-1319-650-3

1. Montañas – País Vasco. 2. Alpinismo. 3. Geología – País Vasco.   I. Apraiz Atutxa, Arturo, coaut.   II. Martínez Torres, L.M., coaut.

796.525
55(460.15)

ISBN: 978-84-1319-650-3
Depósito legal: LG BI 00728-2025

PEFC
PEFC/14-33-00010

Índice

Prefacio

Qué difícil resulta comprender la presencia de fósiles marinos en las rocas de muchas cumbres, que las rocas se puedan plegar o moldear de forma semejante a la plastilina o que las Peñas de Aia fueran magma en el pasado. Qué difícil es imaginar que toda la sierra de Cantabria se ha desplazado hacia el sur, decenas de kilómetros…

Este trabajo proporciona unas sencillas bases geológicas que permitirán interpretar y comprender esos y otros muchos aspectos que encierran algunas de las cumbres más emblemáticas de Euskal Herria. En ellas, se pone al alcance de cualquier montañero y montañera, la interpretación de los variados paisajes que observa durante su ascensión, ampliando mucho más el disfrute de nuestras excursiones.

Esta colección se ha concebido como un complemento «de mochila» del libro del mismo título editado recientemente. El formato elegido permite una fácil consulta de los aspectos más interesantes de cada itinerario, al tiempo que realizamos la ascensión. Explicaciones más detalladas, pero asequibles, de todo ello, pueden encontrarse en la obra ya citada y permitirán seguir disfrutando en casa de nuestras andaduras montañeras.

Septiembre 2023
Javier Arostegi

Introducción

Cuando nos aproximamos a una montaña varias características llaman nuestra atención: su altitud y estructura, las rocas que la componen y la vegetación que la cubre, total o parcialmente. Cada una de ellas es consecuencia de procesos muy distintos. Su generación en el tiempo es también muy dispar. En primer lugar se originan las rocas durante millones de años, después son deformadas por las fuerzas orogénicas elevándose sobre los terrenos circundantes, mediante procesos cuya duración es también de millones de años. Finalmente, a lo largo de cientos o unos pocos miles de años, sobre el sustrato rocoso ya deformado y según el clima regional, se desarrolla una epidermis de suelo, en el cual se asienta la vegetación y la vida en general.

Tectónica de placas, *el motor de las montañas*

Los macizos montañosos en los que se sitúan las cumbres seleccionadas son la concreción local de todo un conjunto de procesos globales enmarcados en un ámbito geológico mucho más amplio.

En Geología existe una teoría global que es capaz de explicar conjuntamente y de un modo dinámico todos los procesos que ocurren en la Tierra desde su origen, la Tectónica de Placas. Según esta teoría, la Litosfera, la capa externa y rígida de la Tierra, se encuentra dividida en un mosaico de fragmentos o placas tectónicas, de cientos de miles a millones de km² de superficie y 10-200 km de espesor, que encajan entre sí como si de un puzle se tratara. Se desplazan lentamente, a velocidades de entre 2 y 15 cm/año, sobre otra capa más viscosa y caliente, la Astenosfera. Las placas pueden converger generando cadenas montañosas, diverger formando océanos o deslizarse en sentidos contrarios, originando terremotos y erupciones volcánicas. Esta dinámica trae como resultado, cada 300-500 millones de años (Ma), la completa amalgamación de los continentes en supercontinentes. El más reciente de todos ellos, formado hace unos 300 Ma, consecuencia de la orogenia Varisca, se denomina Pangea. A partir de entonces, un nuevo proceso de fragmentación ha dado lugar al actual «puzle litosférico».

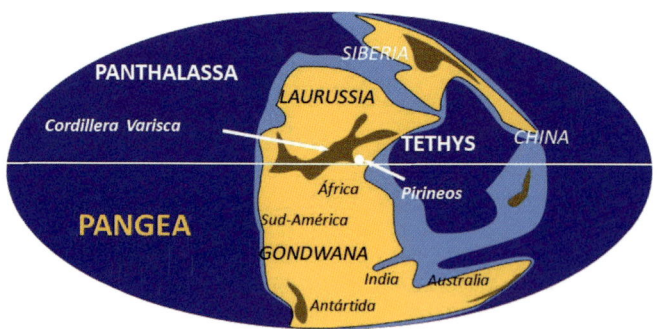

El Supercontinente Pangea, fin de la Orogenia Varisca

¿Qué no puede haber ocurrido a partir del lento movimiento de las placas durante cientos y cientos de millones de años?

Aunque el movimiento de las placas sea muy lento, acumulado durante millones de años, es capaz de hacer desaparecer océanos o que las rocas formen montañas y cordilleras como los Pirineos, Alpes o el Himalaya. Así, los Pirineos se formaron como consecuencia de la convergencia de la Placa Ibérica contra la Euroasiática, hace más de 30 Ma. En estos procesos de convergencia entre placas es tan grande el esfuerzo al que están sometidas las rocas y ocurre durante tanto tiempo (Ma), que acaban plegándose, como si apretáramos un libro por sus bordes o pueden ser transportadas unas placas sobre otras a lo largo de decenas o centenares de kilómetros.

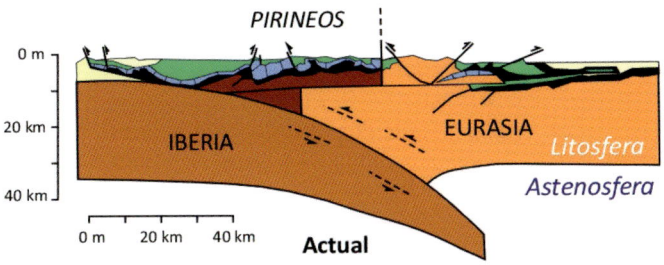

Los Pirineos, una cordillera por colisión de Placas Tectónicas

El tiempo geológico

Las formas del relieve, montañas, valles y planicies que hoy observamos, así como las que contemplaron nuestros antepasados, se nos presentan como algo inmóvil e invariable con el paso del tiempo. Nada más lejos de la realidad, ya que son el resultado de una continua dinámica terrestre, de la cual, todo lo que aparece a nuestros ojos no es más que una instantánea de un largo proceso absolutamente cambiante, que empezó hace 4500 Ma y perdurará mucho más tiempo. Nuestra vida, de una duración absolutamente efímera, equivaldría en la historia de la Tierra, a algo menos de 1 minuto de nuestra propia existencia. Reflexionando en esta escala comparativa, toda una vida no es suficiente para observar el más mínimo cambio del relieve de la Tierra, excepto algunos acontecimientos súbitos de la dinámica terrestre que esporádicamente ocurren en la superficie, tales como avenidas, inundaciones, deslizamientos, terremotos, erupciones volcánicas... Solo si somos capaces de aplicar esa escala de tiempo a nuestras observaciones, estaremos en condiciones de comprender verdaderamente la dinámica terrestre.

El tiempo geológico está dividido en un conjunto jerárquico de intervalos, agrupados en una escala o «calendario» de eventos de la historia de la Tierra. Los fósiles que aparecen en las rocas son las herramientas utilizadas para establecer una escala de tiempo geológico. El momento de la aparición y desaparición de determinados tipos de organismos del registro fósil, es utilizado para delimitar los comienzos y finales de los intervalos de tiempo de referencia. Las causas geológicas de los mismos están por ello situadas en sus límites. Por ejemplo, el cambio climático global provocado por el impacto de un asteroide en la superficie de la Tierra y que produjo la extinción de los dinosaurios hace 66 Ma.

Determinados tipos de organismos son característicos de intervalos concretos del registro geológico. Al correlacionar los estratos en los que se encuentran ciertos tipos de fósiles, se puede reconstruir la historia geológica de varias regiones y de la Tierra en general. Esta escala de tiempo geológico relativo, desarrollada mediante el registro fósil, se ha cuantificado por edades absolutas, determinadas por métodos de datación radiométrica.

La Cuenca Vasco-Cantábrica

Una cuenca sedimentaria es una extensa zona de la corteza terrestre que ha estado sometida a un hundimiento progresivo, denominado subsidencia. Al tiempo que el fondo de cuenca se hunde, se acumulan potentes espesores de sedimentos, procedentes de la erosión de las rocas emergidas a su alrededor. En la Cuenca Vasco-Cantábrica (CVC) el progresivo y pulsante hundimiento o subsidencia del fondo de la misma posibilitó, durante el Mesozoico y Cenozoico, una acumulación sedimentaria estimada de unos 18 km en el centro de la cuenca. A lo largo de todo este periodo de tiempo, la CVC estuvo ligada a ambientes sedimentarios muy diferentes y desigualmente distribuidos: marinos, de plataforma, marino-profundos, deltaicos, etc, hasta netamente continentales, fluviales, o lacustres, que han dejado un registro de rocas muy variado.

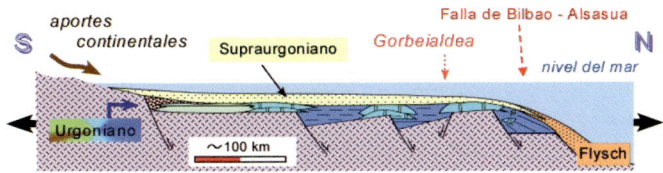

Esquema interpretativo de una transversal N-S de la Cuenca Vasco–Cantábrica (CVC) para el Cretácico Inferior (145-100 Ma)

La dinámica global que dio lugar al desarrollo de la CVC, está predatada por la colisión de los continentes de Laurussia y Gondwana que generó la formación de Pangea, a través de la sutura u orógeno varisco, marcando el fin de dicho ciclo orogénico. Con la fragmentación de Pangea 50 millones de años después, durante el Triásico (250 Ma), comenzó un nuevo ciclo orogénico, el Ciclo Alpino, el cual continua hasta la actualidad. A través de la franja que posteriormente ocuparían los Pirineos, se originó una amplia zona de hundimiento (rift) que fue inundada a continuación por las aguas oceánicas. Quedaron así conectados el gran océano Pantalassa (proto-Atlántico) con el golfo de Thetys (proto-Mediterráneo) a través de un profundo surco marino.

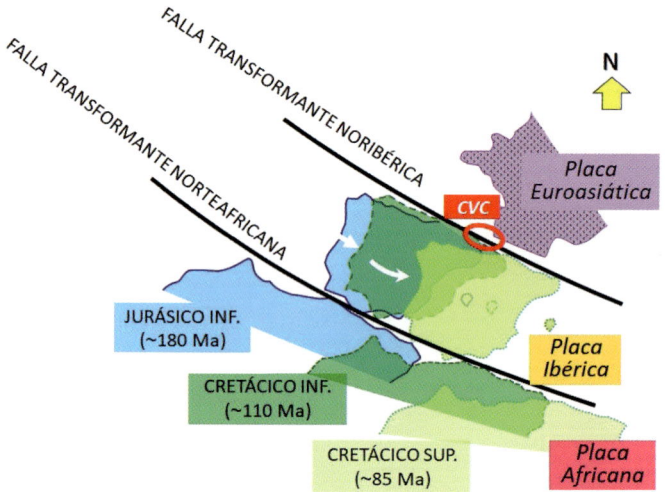

Movimiento de las placas tectónicas. La CVC se desarrolla en el límite
entre la Ibérica y la Euroasiática

Posteriormente, durante el Cretácico Inferior, se inicia la apertura del océano Atlántico, movimiento extensional que produjo la individualización de la Placa Ibérica de la Euroasiática y la apertura del Golfo de Bizkaia. La mayor deriva de la placa Ibérica respecto de la Euroasiática, hacia el W, provocó un giro anti-horario de la misma, con grandes hundimientos de bloques litosféricos que permitieron el gran acúmulo de sedimentos registrado en la CVC. Hacia finales de Cretácico (85-80 Ma) la placa Ibérica fue empujada hacia el N por la placa Africana, iniciándose una lenta inversión tectónica que provocó la colisión de la placa Ibérica con la Euroasiática, iniciándose el cierre del golfo de Bizkaia y de la CVC. Esta convergencia de placas es la que dio lugar hace más de 30 Ma a la formación del Pirineo, parte del cual son las tierras de Euskal

Herria. Los materiales depositados hasta entonces se deformaron y emergieron, para después ser erosionados.

Glosario

Arenas de Utrillas: Arenas depositadas en sistemas fluviales durante el Albiense-Cenomaniense, frecuentes en toda la Península Ibérica. Su afloramiento tipo se encuentra en Utrillas (Teruel).

Arenisca: Roca detrítica, de tamaño de grano 0.062 - 2 mm.

Buzamiento: Ángulo que forma una superficie (estrato, capa, filón o falla) con el plano horizontal.

Caliza: Roca sedimentaria compuesta fundamentalmente por carbonato cálcico. Puede tener diferentes orígenes.

Calizas bioclásticas: Calizas formadas por fragmentos fósiles.

Clasto: Detrito. Fragmento de roca, mineral o fósil preexistente, incluido en una roca como constituyente de la misma.

Clinoformas: Superficies de depósito inclinadas, como las que se disponen en el frente de un delta o en un talud continental.

Coalescer: unirse o fundirse.

Complejo Urgoniano: Conjunto de rocas sedimentarias de naturaleza variada, depositadas durante el Aptiense-Albiense en un ambiente de plataforma marina de mar tropical. Las calizas con Toucasia constituyen su litología más típica.

Deleznables: Roca poco consistente que se disgrega con facilidad.

Derrubios: Conjunto de fragmentos de roca desplazados por la gravedad o por los agentes atmosféricos, corrientes de agua, etc, que se acumulan en las laderas o en la base de una zona inclinada.

Diaclasa: Fractura en la roca sin desplazamiento entre los bloques que genera.

Diaclasas en echelon o plumosas: Diaclasas de forma sigmoidal, asociada a esfuerzos de cizalla. Permiten definir el movimiento relativo de los bloques.

Escorrentía: Caudal de agua superficial o subterránea procedente de precipitaciones.

Esquistosidad: Propiedad que presentan algunas rocas de romperse según superficies paralelas, consecuencia de la alineación de minerales planares (hojosidad) o alargados.

Estratificación cruzada: Inclinación de capas en un estrato, en ángulo con la superficie de depósito.

Lutita: Roca detrítica de grano muy fino, de menos de 0.062 mm.

Ma y Ka: Edad en millones y miles de años respectivamente.

Marga: Roca sedimentaria con 35 - 65% de carbonato cálcico y el resto de arcilla.

Margocaliza: Roca sedimentaria similar a la marga, pero con más carbonato cálcico (65 a 90%).

My: Intervalo de tiempo geológico en millones de años (Million years).

Orogenia: Conjunto de procesos geológicos que dan lugar a una cordillera.

Ripple: Estructura sedimentaria en forma de cresta originada por corrientes, sobre la superficie de una capa generalmente arenosa.

Roca detrítica: Roca formada por acumulación de fragmentos de otras rocas y minerales preexistentes.

Sedimento: Depósito natural de material no consolidado.

Tiempo geológico y edad de las rocas

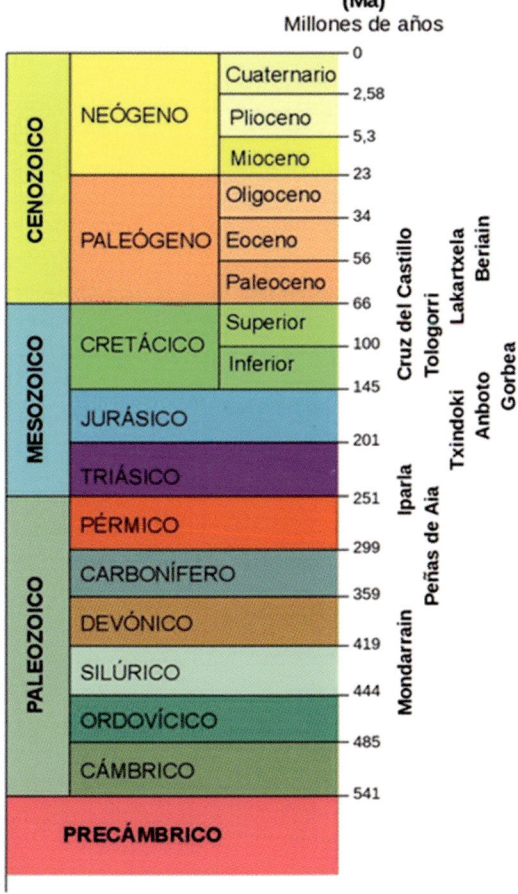

Escala de tiempo geológico y edad de las rocas de las cumbres

Cruz del Castillo

(1431 m) (Sierra de Cantabria-Toloño)

Cruz del Castillo   *Larrasa*   ↗ *Palomares*

4 3

Puerto del Toro

2

Fuente de Huecozabala

1

Parking

Lagrán →

ITINERARIO

La Cruz del Castillo se sitúa en el tramo central de la Sierra de Cantabria-Toloño, una estrecha franja de apenas 2 km y 20 km de longitud de dirección este-oeste. Su estructura se continua al este por la Sierra de Kodes y al oeste por los Montes Obarenes. Las rocas que la constituyen se disponen en bandas paralelas, correspondientes a un pliegue anticlinal que se desplaza desde el norte sobre los terrenos más jóvenes del Mioceno (23 Ma) del valle del Ebro situados al sur.

PIG	Coordenadas	Altitud	Descripción
Inicio	30T X: 534148 Y: 4717771	835 m	Parking: 1,5 km al S de Lagran
CC01	30T X:534469 Y:4716891	1067 m	Fuente de Huecozabala. Arenas de Utrillas
CC02	30T X:53425 Y:4716539	1202 m	Puerto del Toro. Plano de estratificación
CC03	30T X:533715 Y:4716390	1378 m	Cambio de ladera. Anticlinal invertido
CC04	30T X:533630 Y:4716400	1409 m	Collado. Calizas Brechificadas
CC04	30T X:533664 Y:4716426	1431 m	Cumbre de la Cruz del Castillo

CC 01. Fuente de Huecozabala. Arenas de Utrillas

Las Arenas de Utrillas, de edad Albiense (106 Ma), son las rocas más antiguas del recorrido. Aunque están recubiertas de suelo y vegetación se perciben en la pista, junto a la fuente de Huecozabala, en los abundantes cantos de areniscas de colores anaranjados.

Fuente de Huecozabala

Arenas de Utrillas

Se originaron a partir del aporte de sedimentos de una densa red fluvial procedente de la erosión de la Cordillera Ibérica (Sierras de la Demanda y Cameros), depositados en una llanura continental de tipo marisma, que cubrió todo el área durante el periodo Albiense superior-Cenomaniense inferior (106-99 Ma).

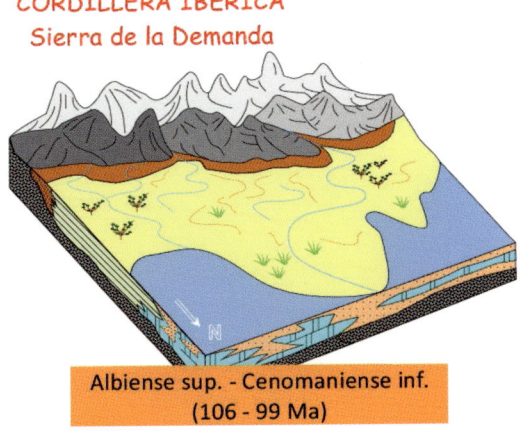

CORDILLERA IBÉRICA
Sierra de la Demanda

Albiense sup. - Cenomaniense inf.
(106 - 99 Ma)

Ambiente sedimentario durante el depósito de la Formación de Utrillas

CC 02. Puerto del Toro. Plano de estratificación

Antes de llegar al Puerto del Toro y hasta la cumbre, se observan rocas calizas del Cretácico Superior, depositadas en un medio sedimentario muy diferente al anterior. Corresponden a una plataforma marina carbonatada originada por una importante invasión del mar o transgresión, ligada a la apertura del Golfo de Bizkaia, que cubrió el área. Las Arenas de Utrillas fueron así enterradas por sedimentos de composición carbonatada, con fósiles marinos que, una vez consolidados, se transformaron en calizas. Las diferencias que presentan las distintas calizas hasta llegar a la cumbre son consecuencia de las fluctuaciones que experimentó el nivel del mar durante 12 millones de años.

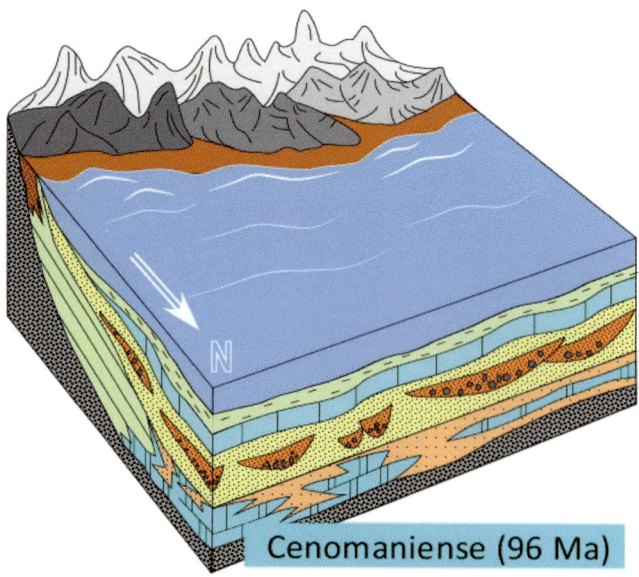

Cenomaniense (96 Ma)

Ambiente sedimentario como consecuencia de la transgresión

En el Puerto del Toro, el plano topográfico del camino corresponde a un plano de estratificación. Los estratos de margocalizas presentan estratificación ondulada y suavemente cruzada, debida a la acción de las corrientes marinas que existían sobre la plataforma marina ligeramente inclinada (rampa) en la que se depositaron, e instaurada a partir del Cenomaniense medio (96 Ma).

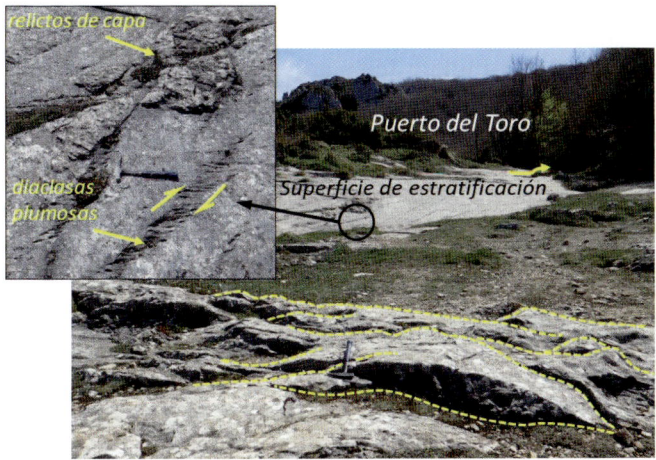

Sobre este plano se observan varias bandas con diaclasas «*en echelon*» o diaclasas plumosas, frecuentemente mineralizadas por óxidos de hierro. Indican la existencia de movimientos de cizalla entre grandes bloques rocosos. Los esfuerzos orogénicos que los produjeron, actuaron según planos sub-perpendiculares a la estratificación.

CC 03. Cambio de ladera. Flanco invertido del anticlinal

Tras atravesar una zona de hayas y boj, el panorama se abrirá repentinamente a nuestros ojos, con una bella perspectiva de la cuenca del Ebro, con las sierras de la Demanda y Cameros al fondo.

Desde aquí tendremos una buena vista de las cumbres rocosas de la Cruz del Castillo y Larrasa, separadas por un tramo de perfil más deprimido constituido por margas, litología más fácilmente erosionable, que se depositaron en el Turoniense.

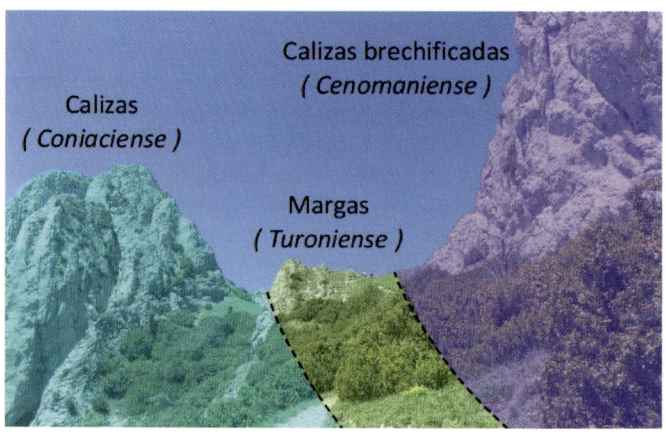

CC 04. Cumbre de la Cruz del Castillo. Calizas brechificadas

En la cumbre se encuentra la cruz de hierro que da nombre a la misma. Se asienta sobre una caliza brechificada, bien apreciable en la pared escalonada de la subida final.

La intensa fracturación se debe a los enormes esfuerzos compresivos que tuvieron que soportar estas rocas durante el proceso de deformación asociado al cabalgamiento de la sierra sobre el valle del Ebro.

Mirando hacia el E, existe una magnífica panorámica del frente de cabalgamiento en este sector de la sierra.

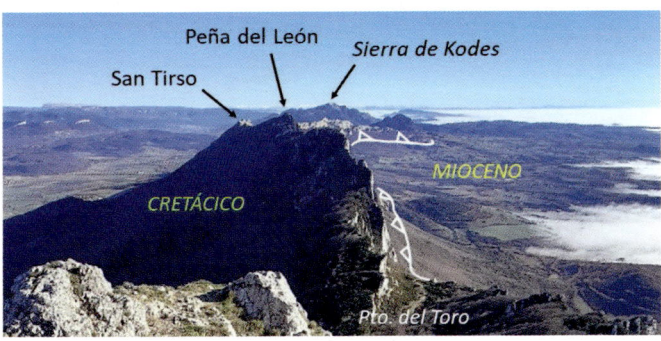

Traza aproximada del plano de cabalgamiento sobre los terrenos del Mioceno del valle del Ebro

EL FRENTE DE CABALGAMIENTO DE LA SIERRA DE CANTABRIA-TOLOÑO

De manera simplificada la estructura general de la sierra puede definirse como un gran pliegue anticlinal de dirección E-W, vergente hacia el S.

CALIZAS Cenomaniense

MARGAS Turoniense

CALIZAS Coniaciense

Interpretación de la estructura de la Sierra Cantabria desde la cumbre de Palomares

Todo el conjunto de sedimentos de edades Jurásico, Cretácico y Paleógeno, de más de 3000 m de espesor, que se depositaron bajo las aguas marinas del Golfo de Bizkaia, se consolidaron, plegaron y fracturaron, cabalgando hacia el S sobre los sedimentos continentales más jóvenes del Mioceno de la Cuenca del Ebro. Como si de una «gran ola de roca» se tratara, se desplazaron unos 15 km hacia el S, durante un periodo aproximado de 25 millones de años. Por ello, si hacemos un sondeo en la vertiente norte de la sierra, encontraríamos en profundidad los sedimentos continentales de la cuenca del Ebro. Consecuencia de ello es la disposición casi vertical de las capas que se observan desde la cumbre.

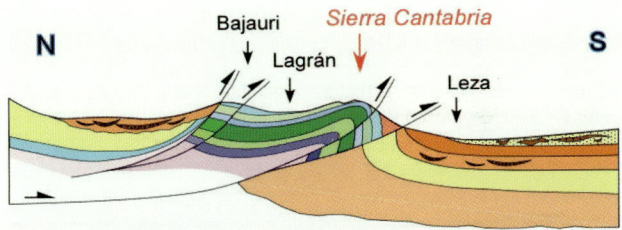

El proceso de deformación y desplazamiento de la sierra se inició en el Campaniense hace 84 Ma, cuando la Placa tectónica Africana, se desplazó hacia el norte, empujando la Placa Ibérica hasta chocar contra la Placa Euroasiática. Los enormes esfuerzos compresivos generados, que constituyen la Orogenia Alpina, todavía activa, formaron los Pirineos y los Alpes, contexto en el que se desarrolló el frente cabalgante de la Sierra de Cantabria-Toloño, extensible a los vecinos Montes Obarenes al W y hacia la Sierra de Kodes al E.

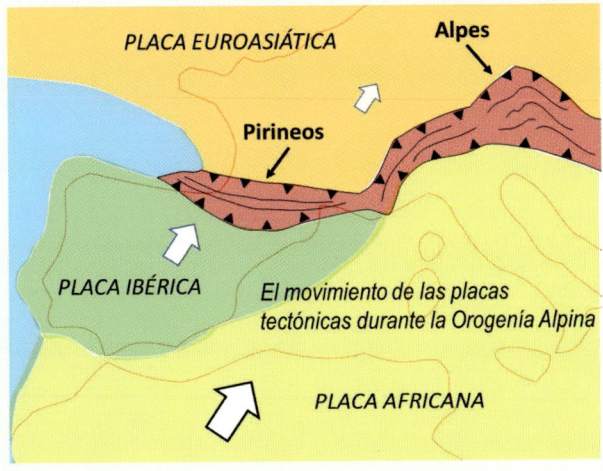

LA SIERRA DE CANTABRIA-TOLOÑO, UN LÍMITE GEOLÓGICO, CLIMÁTICO Y PAISAJÍSTICO

Desde cualquiera de las cumbres que jalonan la Sierra de Toloño, se observa un profundo contraste entre los paisajes situados hacia un lado y otro del cresterío. Su elevación y orientación E-W conforman una barrera natural para las masas de aire húmedo procedentes del NW, que se ven obligadas a remontar la sierra. Al ganar altura se enfrían y condensan dando lugar a precipitaciones. A sotavento, hacia el valle del Ebro, el aire desprovisto de humedad genera menos lluvias.

El efecto Foehn de la Sierra Cantabria

Esta diferencia climática entre ambos lados de la sierra condiciona la vegetación, de bosque frondoso de hayas en la zona norte, y de carrascas hacia el sur. Además, en la Rioja Alavesa, la protección que proporciona la sierra frente los fríos vientos del N y el sustrato calcáreo-arcilloso de suaves pendientes orientadas al S, proporcionan un «terroir» idóneo para el cultivo de la vid y la producción de vinos excepcionales y aceites de calidad.

Por otra parte, la fuerte inclinación hacia el N de los estratos rocosos de la sierra, determina que casi toda el agua de lluvia infiltrada de lugar a acuíferos, cuyos manantiales descargan hacia la ladera septentrional.

En resumen, el muro geológico-estructural que constituye la Sierra de Toloño, condiciona el clima, la vegetación, la hidrología, el paisaje, y por extensión, el modo de vida de sus pobladores, a ambos lados de la misma.

FICHA TÉCNICA

Punto de partida: Parking a 1,5 k al S de Lagrán
Coordenadas: 30T X: 534148 - Y: 4717771.
Recorrido: I / V.   **Distancia:** 6,2 km.
Desnivel: 596 m.   **Desnivel acumulado:** 660 m.
Tiempo en movimiento: 3 h 05 min.
Dificultad técnica: Fácil.

CARACTERÍSTICAS GEOLÓGICAS

Estructura: Anticlinal de flanco invertido, cabalgante sobre el Mioceno del Valle del Ebro.
Litología en cumbre: Calizas brechificadas.
Edad de la cumbre: Cretácico Superior, Cenomaniense (~ 96 Ma).

Tologorri

(1073 m) (Sierra de Gorobel o Salvada)

Portillo de la Barrerilla
Tologorri
Portillo de Menérdiga

Senda Negra

1
2
3
4
5
6
Garondo
7

Camino de Iturrigorri
Lendoño Goikoa

ITINERARIO

Llegando desde el norte al valle de Aiara o Ayala, aparece ante nosotros la barrera natural de la Sierra de Gorobel-Salvada de orientación este – oeste. Su escarpada cornisa caliza, jalonada por numerosas cumbres montañeras, es santo y seña del paisaje natural de las tierras de Aiala.

La Sierra Salvada tiene continuidad lateral en las de Gibijo, Arkamo y Badaia en Álava y con la de Angulo (Carbonilla) en Burgos, por lo que poseen una historia geológica común.

Las rocas que se atravesarán en el recorrido fueron depositadas en un intervalo de tiempo geológico de unos 6 Ma, durante el Cretácico Superior (91-85 Ma), en un ambiente marino. Las más antiguas, las Margas de Zuazo, que transitaremos primero hasta la Senda Negra y las más recientes, situadas encima, las Calizas de Subijana.

PIG	Coordenadas	Altitud	Descripción
Inicio	30T X: 495510 Y: 4762151	469 m	Camino de Iturrigorri
TG01	30T X: 494400 Y: 4761620	780 m	Piedra del Cojo. Bloques de caliza
TG02	30T X: 493618 Y: 4762000	892 m	Senda Negra. Intercalación de margas
TG03	30T X: 493552 Y: 4762371	943 m	Manantial de Iturrigorri. Diaclasas
TG04	30T X: 494030 Y: 4762803	1073 m	Cumbre Tologorri. Calizas de Subijana
TG05	30T X: 492201 Y: 4763081	1059 m	Portillo de Menérdiga

PIG	Coordenadas	Altitud	Descripción
TG06	30T X: 494359 Y: 4763218	655 m	Bajo el Tologorri. Margas de Zuazo
TG07	30T X: 494672 Y: 4763376	555 m	Collado de Garondo. Giro derecha

Inicio: Camino de Iturrigorri

TG 01. Piedra del Cojo

La «Piedra del Cojo» es un gran bloque desprendido de la cornisa caliza que corona todo el contorno de la Sierra de Gorobel. Se debe a un proceso de erosión que a medida que progresa, va dejando bloques inestables que se desprenden por gravedad ladera abajo.

TG 02. Senda Negra. Panorámica de la serie geológica

La Senda Negra se ha trazado aprovechando la presencia de algunas capas de margas deleznables que se encuentran apoyadas sobre estratos de caliza más resistente.

Es un magnífico punto de observación del perfil y de la estructura geológica del Tologorri, extensible a toda la Sierra de Gorobel. A lo largo de todo su recorrido, tenemos a nuestra derecha, una buena panorámica de la serie sedimentaria del Tologorri. Desde aquí, se distinguen claramente las dos unidades geológicas que componen la serie, fácilmente diferenciables por su aspecto: la inferior o Margas de Zuazo, y sobre éstas, las Calizas de Subijana. Dentro de ambas unidades se pueden diferenciar intercalaciones de rocas más duras y más blandas, que presentan diferente resistencia a la erosión y dan lugar a perfiles más abruptos y más suaves respectivamente.

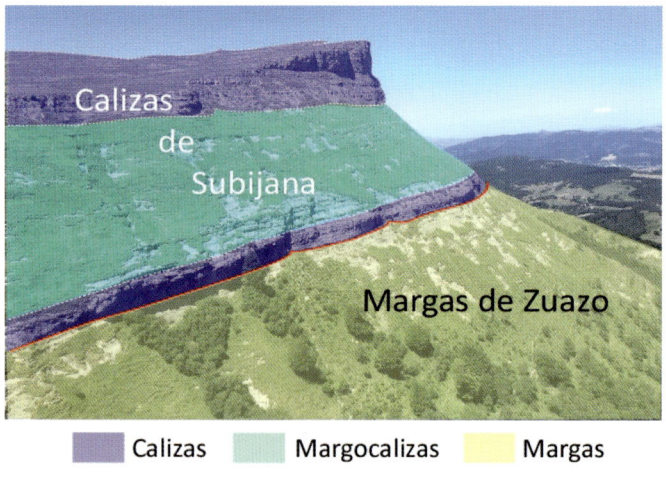

Calizas de Subijana

Margas de Zuazo

▮ Calizas   ▮ Margocalizas   ▮ Margas

TG 03. Manantial de Iturrigorri. Diaclasas

Una vez superada la cornisa por el Portillo de la Barrerilla, se llega a la fuente de Iturrigorri, en cuyas inmediaciones se aprecian pátinas rojizas sobre la roca caliza blanquecina. Se deben a la precipitación de óxidos e hidróxidos de hierro disueltos en el agua, procedentes de la oxidación del mineral pirita (FeS_2), que se encuentra diseminado en las calizas. El manantial de Iturrigorri drena el agua meteórica que se infiltra en la zona próxima a la cima de Tologorri a través de las abundantes diaclasas (fracturas) sub-verticales. Al pie de la fuente se observan dos familias de diaclasas que generan un enlosado característico.

A pesar de que las Calizas de Subijana son rocas texturalmente poco permeables, la densa red de fracturas que la afectan facilita la infiltración de las aguas superficiales a través de las mismas. Su flujo subterráneo ha dado lugar al sistema kárstico del Hayal de la Ponata, que encierra en su interior una importante red de conductos (endokarst), a través de los cuales se mueve el agua subterránea. Este sistema, que atraviesa la Sierra de Gorobel de este a oeste, es el más largo del País Vasco con más de 70 km de longitud y 415 m de profundidad.

TG 04. Cumbre del Tologorri. Calizas de Subijana. Dapiro de Orduña

La cumbre está constituida por las Calizas de Subijana, dispuestas en capas decimétricas, en las que destaca su estratificación ondulada, reflejo de su depósito en un fondo marino en rampa, la plataforma proximal. A simple vista, en corte fresco, sólo apreciaremos una masa homogénea de color gris oscuro, pero si aguzamos la vista o a través de una sencilla lupa de campo, veremos que están constituidas por abundantes microfósiles y sus fragmentos, ligados por una pasta de carbonato cálcico, originalmente barro, llamada micrita. De ahí que a este tipo de roca caliza se la denomine biomicrita.

El paisaje calizo a nuestro alrededor presenta un aspecto rugoso e irregular, forma típica del modelado kárstico denominado lapiaz. Se origina por la disolución de la roca caliza por el agua de lluvia, de carácter natural ácido.

Calizas onduladas de la cumbre de Tologorri

EL DIAPIRO DE ORDUÑA

Desde la cumbre, hacia el E, tenemos una buena panorámica del Valle de Orduña. Se trata de una depresión casi circular, con borde montañoso abrupto extendido en suave cuesta (mesa) en dirección radial hacia fuera del valle.

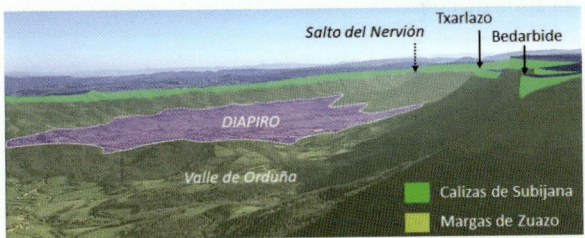

Geo-panorámica del valle diapírico de Orduña

Esta geoforma se originó por el ascenso y posterior erosión del *diapiro* de Orduña, una estructura rocosa, formada por materiales depositados hace unos 220 Ma, durante el periodo Triásico, en los comienzos de la ruptura del supercontinente Pangea. En ese tiempo, la Cuenca Vasco-Cantábrica estaba cubierta por un mar somero, bajo condiciones climáticas áridas y semiáridas, con elevadas tasas de evaporación, condiciones que favorecieron una sedimentación de naturaleza arcillosa y evaporítica (yesos y sales).

Estos materiales, conocidos como facies Keuper, tienen una baja viscosidad y con el acúmulo encima de una potente pila de sedimentos se volvieron inestables comportándose plásticamente, ascendiendo, empujando y fracturando los estratos de roca situados por encima, terminando por perforarlos.

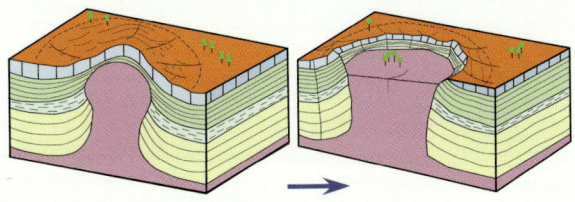

Evolución ascensional del diapiro de Orduña

Su mayor actividad ascensional tuvo lugar durante el Cretácico Superior a lo largo de unos 30 Ma. Al final de su periodo ascensional, atravesaron primero las Margas de Zuazo y a continuación las Calizas de Subijana.

Una vez aflorados, la erosión desgastó y disolvió los materiales salinos y arcillosos que formaban esa enorme "gota" ascendente o diapiro, con mucha mayor facilidad que las rocas circundantes, dando una profunda depresión (valle de Orduña) y dejando un anillo superior de roca más resistente e inclinado levemente hacia el exterior por el empuje.

TG 05. Portillo de Menérdiga. Panorámica de la Sierra de Gorobel

Camino del portillo de Menérdiga, donde iniciaremos el descenso, tendremos una buena panorámica de la Sierra de Gorobel, con el Ungino y el Eskutxi frente a nosotros. Desde aquí podremos distinguir de nuevo las 2 unidades que componen la serie, que observábamos desde la Senda Negra.

Portillo de Menérdiga   Eskutxi   Ungino

Calizas de Subijana

Margas de Zuazo

Calizas   Margocalizas   Margas

TG 06. Margas de Zuazo

Una vez sobrepasada la cornisa iniciaremos nuestro descenso a través de una empinada, estrecha y frecuentemente embarrada senda.

En su tramo inferior se observan buenos afloramientos de las Margas de Zuazo. Su litología dominante son las margas, aunque también presenta estratos de margocalizas y calizas intercalados.

Las Margas de Zuazo (antes de Garondo)

Su sedimentación tuvo lugar en una plataforma marina más profunda que la de las calizas de Subijana, a una profundidad de unos 150 a 200 m, que se hundía hacia el NE.

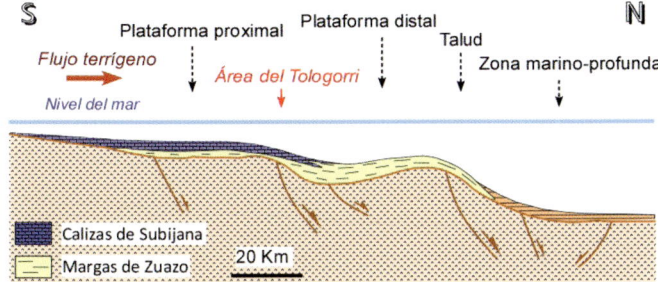

Esquema simplificado del fondo de la CVC a comienzos del Cretácico Superior

EL MONTE TOLOGORRI Y EL RELIEVE DE LA SIERRA DE GOROBEL

El perfil del monte Tologorri representa muy bien a todo el borde NW – SE de la Sierra de Gorobel. El rasgo más llamativo es su relieve en mesa, constituida por las Calizas de Subijana, con un pronunciado escarpe vertical hacia el norte, mientras que, hacia el lado opuesto, las calizas se inclinan suavemente, dando un suave relieve o cuesta. Hacia el valle de Aiala, la fuerte pendiente se atenúa ligeramente a través de las Margas de Zuazo.

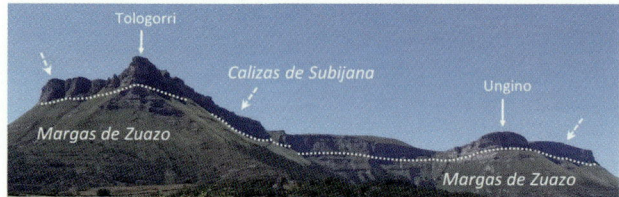

Este marcado perfil se ha originado por la diferente resistencia que presentan las calizas y margas frente a la erosión. Además, las calizas de la cornisa están afectadas por una penetrante fracturación o diaclasado sub-vertical, que delimita bloques de roca según los planos de la misma. Cuando las margas inferiores menos resistentes, son socavadas por el agua de escorrentía e infiltración en el borde de la sierra, las calizas de encima quedan inestables y colapsan, desprendiéndose bloques ladera abajo, como la «piedra del cojo».

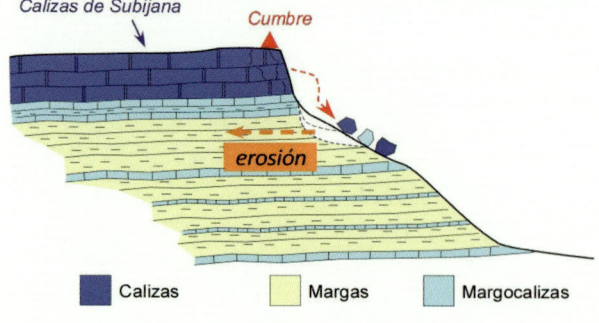

Después de su caída, las superficies verticales de las fracturas quedan expuestas, diseñándose así el escarpe calizo característico del contorno de la sierra de Gorobel. A medida que este proceso se desarrolla, todo el borde retrocede, aunque no de forma homogénea en toda la sierra, puesto que la acción erosiva de los cursos de agua genera profundos barrancos que hacen retroceder la cornisa de forma más rápida, caso del barranco de Lendoño, dando el frente irregular de la sierra. La erosión más fácil del diapiro de Orduña ha contribuido a un mayor retroceso de ese borde de la sierra.

FICHA TÉCNICA

Punto de partida: Carretera A3618. Camino de Iturrigorri (Lendoño Goikoa, Orduña).
Coordenadas: 30T X:495510 - Y:4762151.
Recorrido: Circular.   **Distancia:** 11,2 km.
Desnivel: 1073 m.   **Desnivel acumulado:** 715 m.
Tiempo en movimiento: 3 h 32 min.
Dificultad técnica: Moderado.

CARACTERÍSTICAS GEOLÓGICAS

Estructura: Mesa homoclinal, inclinada hacia el SW.
Litología en cumbre: Calizas de Subijana (biomicritas).
Edad de la cumbre: Cretácico Superior, Coniaciense (~ 86 Ma).

Anboto

(1331 m) (Montes de Durangaldea)

Iruatxeta · Anboto · Urkiolagirre · Larrano · Zabalandi · 3 · Andasto · 2 · 1 · Inicio · Arrazola (parking) · Abadiño · Atxondo · 5 · Elorrio · Larrano · 4 · Polpol · 6 · Zabalandi

ITINERARIO

El monte Anboto es la cima más oriental de los montes del Duranguesado, crestería de orientación aproximada E-W. Su rasgo geomorfológico más llamativo es el fuerte relieve positivo que forma la inmensa mole de calizas urgonianas, que da lugar a desniveles de más de 1000 m en su cara norte.

En el recorrido se atraviesan 2 conjuntos geológicos: el Complejo Urgoniano en la parte central y el Complejo Supraurgoniano: Formación de Valmaseda y de Durango, al N y S respectivamente, depositados en medios sedimentarios distintos, aunque coetáneamente.

PIG	Coordenadas	Altitud	Descripción
Inicio	30T X: 534155 Y: 4772005	235 m	Parking de Arrazola.
AB01	30T X: 533998 Y: 4771788	276 m	Cara N del Anboto. Contacto geológico.
AB02	30T X: 533981 Y: 4770678	480 m	Barranco de Errekaundi. Calcarenitas.
AB03	30T X: 521979 Y: 4769672	885 m	Collado de Andasto. Formación Tellamendi.
AB04	30T X :532966 Y: 4770118	965 m	Ladera S. Fósiles urgonianos.
AB05	30T X :532828 Y: 4770611	1331 m	Cumbre. Panorámicas.
AB06	30T X :532786 Y: 4769932	890 m	Areniscas. Formación Valmaseda (CSU).

AB 01. Cara N del Anboto. Contacto geológico

El contraste de colores y relieve al mirar hacia la cumbre es muy evidente. La roca desnuda correspondiente a las calizas urgonianas y el relieve suavizado y cubierto de vegetación cuyo sustrato son los materiales detríticos de la Formación Durango cubiertos de vegetación. Las calizas, a pesar de ser más antiguas, están situadas por encima de la Formación Durango, debido a una falla inversa que las remonta.

Calizas urgonianas

Formación Durango
(Complejo Supraurgoniano)

AB 02. Barranco de Errekaundi. Calcarenitas

Por la calzada anterior al siglo XVI, ruta ordinaria hacia Otxandio, entramos en el mundo de las calizas urgonianas. El primer afloramiento del talud derecho es una calcarenita, es decir, una arenisca formada por granos de caliza, cuya textura granulosa la podemos apreciar deslizando la mano sobre la superficie de la misma. También se observan abundantes fragmentos fósiles. Esta litología es propia de medios de alta energía, con influencia del oleaje. Algunas capas onduladas bien apreciables, corresponden a fragmentos de sedimentos redepositados cuando todavía la roca no estaba consolidada. Estos materiales se depositaron en una rampa con cierta pendiente, al pie de los arrecifes de Anboto, hacia la zona de mar abierto.

Calcarenitas y calizas
resedimentadas al comienzo de la calzada

AB 03. Collado de Andasto. Areniscas y lutitas. Formación Tellamendi

En esta panorámica destaca el nítido contacto entre la zona de vegetación y la zona rocosa de la mole de Anboto. Marca el límite entre las calizas urgonianas y las rocas detríticas de la Formación Tellamendi.

Anboto

Cueva de Mari

Calizas Urgonianas

Rocas detríticas de la
Formación Tellamendi

A la salida del bosque, por el collado de Andasto, se pisará un terreno de topografía suavizada cubierta por un prado, asentado sobre lutitas y areniscas, es decir rocas detríticas deleznables que se depositaron lateralmente a las calizas de Anboto, de manera simultánea, ya que entre las áreas de sedimentación de las calizas urgonianas existían zonas de paso de material detrítico procedente de la erosión del continente. Las corrientes que discurrían sobre el lecho submarino, depositaban arenas finas (claras) durante los periodos de mayor energía. En los de quietud intermareal, se decantaba el material más fino (oscuro). La repetición de tales condiciones dio lugar a una ciclicidad en capas claras y oscuras. Este ambiente de baja energía era interrumpido ocasionalmente, por la llegada de aportes arenosos procedentes de pequeños deltas que se formaban hacia el continente y dieron lugar a los lóbulos de arenisca que aparecen intercalados.

Litologías de la Formación Tellamendi

Collado de Andasto

Pista hacia Zabalandi

Lutitas

Areniscas

AB 04. Ladera Sur. Fósiles urgonianos

En el primer tramo de esta fuerte ascensión, se observan a simple vista una buena representación de los diferentes fósiles que habitaban el mar tropical urgoniano. Los más representativos son los **rudistas** del género *Toucasia*, bibalvos que caracterizan las calizas urgonianas de todo Euskal Herria. Las formas que se observan en las rocas corresponden a diferentes secciones de su concha, que tenía forma de cuerno. Los rudistas vivían pegados al sustrato a través del vértice de su concha. También eran abundantes los corales y otros moluscos bivalvos, como *Chondrodonta*.

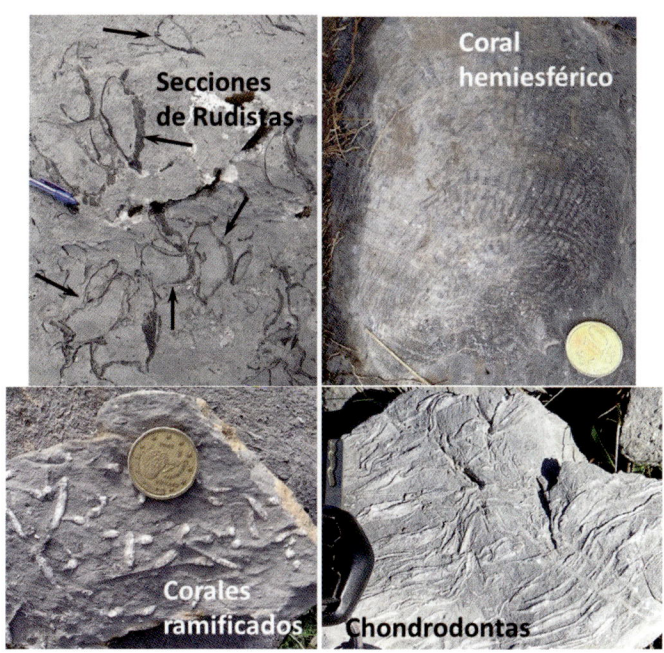

AB 05. Cumbre del Anboto. Panorámicas

Las innumerables cumbres calizas urgonianas que vemos desde este extraordinario mirador, destacan por su color gris claro. Todas ellas fueron edificadas casi al mismo tiempo y mediante los mismos procesos, en un ambiente arrecifal típico de un mar tropical.

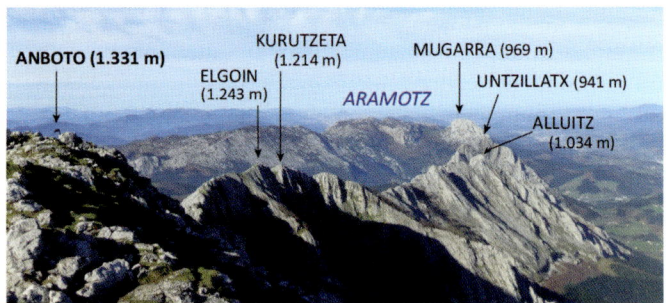

A todo este conjunto de cumbres y alineaciones a veces se le ha llamado la «Euskadi Tropical», aludiendo a las condiciones ambientales que reinaban en el mar, durante el Aptiense – Albiense (~117-107 Ma).

Como ocurre en el collado de Andasto, entre las elevaciones arrecifales donde se construían las masas de calizas urgonianas, existían surcos por donde circulaban y se depositaban sedimentos detríticos, areniscas y lutitas principalmente, erosionados y transportados por corrientes fluviales desde el continente. Frecuentemente constituyen las separaciones entre algunos de los macizos de calizas urgonianas que se observan.

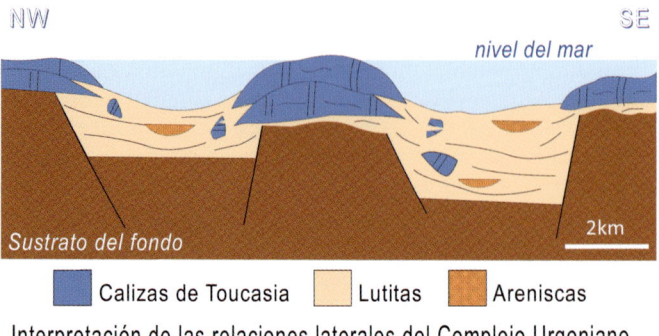

Interpretación de las relaciones laterales del Complejo Urgoniano

AB 07. Areniscas. Formación Valmaseda (CSU)

En la pista, de regreso hacia Zabalandi, se encuentran las areniscas de la Formación Valmaseda (Complejo Supraurgoniano). Superficialmente están teñidas en tonos marrones rojizos por material arcilloso, pero en corte fresco son gris-blanquecinas. Su composición es cuarzosa y se pueden apreciar zonas oscuras difusas, embebidas en la pasta mucho más clara. Esta textura se debe a la actividad de organismos (del tipo gusanos) que vivían en el fondo, y mezclaban los lechos más oscuros del sedimento, aún no consolidado, con la matriz clara, al realizar sus funciones de nutrición y desplazamiento, proceso conocido como bioturbación.

Areniscas de la Formación Valmaseda (Complejo Supraurgoniano)

bioturbaciones

Se depositaron sobre la plataforma urgoniana, a partir del Albiense medio (106 Ma), como consecuencia de la instalación sobre la misma, de un gran delta. Grandes cantidades de arenas y lodos, procedentes de la erosión del continente situado al S, se depositaron en los canales distributarios y llanuras de inundación del mismo, colmatando la cuenca. Fue el final del mar de aguas limpias y bien oxigenadas, donde crecieron los arrecifes.

ANBOTO, UN MAR TROPICAL EN EL QUE FLORECIÓ LA VIDA

Durante el Aptiese – Albiense, la separación entre las placas tectónicas de Iberia y Europa generó un hundimiento progresivo del fondo de la Cuenca Vasco-Cantábrica, provocando la inundación de amplias zonas previamente emergidas. En esta región intertropical, de clima cálido y húmedo por entonces, se desarrollaron extensas plataformas marinas de muy poca profundidad en un mar de aguas cálidas ($\approx 25°C$). Se dieron así, las condiciones idóneas para el estallido de vida marina y el crecimiento de arrecifes. Las calizas que se depositaban en esas condiciones, incluían gran cantidad de rudistas, los principales organismos constructores de arrecifes entonces, hoy fácilmente reconocibles en las calizas urgonianas.

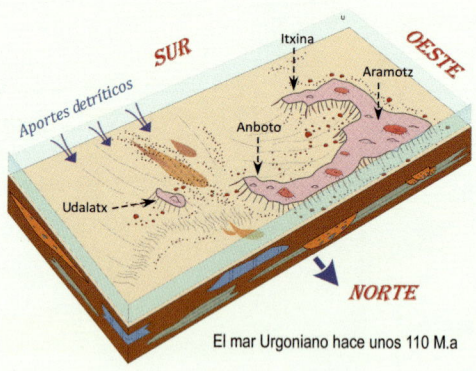

El mar Urgoniano hace unos 110 M.a

Los corales, también abundantes en los arrecifes urgonianos, tras la desaparición de los rudistas, pasaron a ocupar las zonas de arrecife con las mejores condiciones de vida, nicho que aun ocupan en la actualidad. Además de otros organismos, la comunidad microbiana era muy abundante y contribuía de manera sustancial a la precipitación de carbonato cálcico.

LA ESTRUCTURA DEL MACIZO DE ANBOTO

Con el paso del tiempo geológico (Ma) los sedimentos depositados en el fondo del mar urgoniano se fueron enterrando al ser cubiertos por nuevos materiales que alcanzaron espesores acumulados de más de 5000 m.

Con posterioridad, y relacionado con la colisión entre Iberia y Europa, causante de la formación de los Pirineos, las rocas se deformaron, los estratos se inclinaron, se doblaron formando pliegues y fallas de diferente entidad. Este colosal empuje orogénico produjo el levantamiento de las formaciones rocosas, al tiempo que la erosión barría gran parte de la columna sedimentaria, posibilitando el afloramiento de las actuales cumbres. En el macizo de Anboto, el empuje montó las calizas urgonianas a través de un plano o falla inversa, sobre las rocas de la Formación Durango depositadas posteriormente.

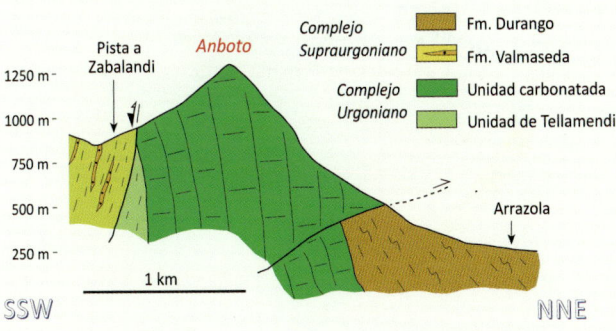

Estructura del Anboto como consecuencia del plegamiento orogénico

FICHA TÉCNICA

Punto de partida: Arrazola (Atxondo). Parking Carretera BI-4332.
Coordenadas: 30T X: 534155 - Y: 4772005.
Recorrido: Semicircular.   **Distancia:** 13 km.
Desnivel: 1097 m.   **Desnivel acumulado:** 1144 m.
Tiempo en movimiento: 5 h 12 min.
Dificultad técnica: Moderada.

CARACTERÍSTICAS GEOLÓGICAS

Estructura: Macizo urgoniano con capas verticales desplazado sobre falla inversa.
Litología en cumbre: Calizas de Toucasia, del Complejo Urgoniano.
Edad de la cumbre: Cretácico Inferior, Aptiense - Albiense (~ 110 Ma).

Gorbea

(1482 m)   (Macizo de Gorbea)

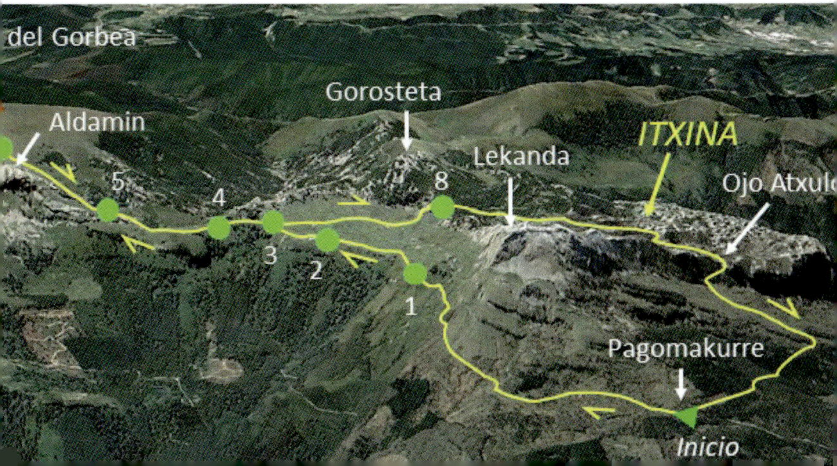

del Gorbea

Gorosteta

Aldamin

ITXINA

Lekanda

Ojo Atxulo

5

4

8

3

2

1

Pagomakurre

Inicio

ITINERARIO

Desde el comienzo del itinerario en Pagomakurre, la cumbre del Gorbea destaca en el paisaje por su forma suavemente redondeada.

A medida que se asciende, se transita por rocas cada vez más modernas, comenzando en el Aptiense superior (~115 Ma) para terminar en el Albiense superior (~105 Ma), en la cumbre. El recorrido transcurre por 2 conjuntos sedimentarios: el Complejo Urgoniano depositado en ambiente marino y el Complejo Supraurgoniano, de naturaleza deltaica.

Todo este conjunto sedimentario fue deformado posteriormente por la orogenia alpina, dando una estructura, con las capas suavemente inclinadas en el mismo sentido, hacia el SW.

PIG	Coordenadas	Altitud	Descripción
Inicio	30T X: 516937 Y: 4769565	881 m	Parking de Pagomakurre.
GB01	30T X: 516918 Y: 4767992	1030 m	Pista. Laminación lenticular y panorámica.
GB02	30T X: 516943 Y: 4766943	1077 m	Cornisa de Arraba. Calizas con rudistas.
GB03	30T X: 517034 Y: 4766635	1110 m	Campa de Arraba. Geo-panorámica.
GB04	30T X: 517306 Y: 4766389	1120 m	Paso de Egiriñao, salida. Geo-panorámica.
GB05	30T X: 517899 Y: 4764787	1412 m	Fuente. Desvío izda. Areniscas del Gorbea.
GB06	30T X: 517831 Y: 4764601	1482 m	Cruz del Gorbea. Geo-panorámica NW.
GB07	30T X: 516105 Y: 4767250	1089 m	Kargaleku, sumidero y entrada a Itxina.
GB08	30T X: 515603 Y: 4769223	1108 m	Ojo de Atxulo. Travertinos.

GB 01. Lutitas con laminación lenticular y Geo-interpretación panorámica

En el camino de ascenso hacia las campas de Arraba se observa una alternancia de capas centimétricas oscuras y otras discontinuas más claras de aspecto lenticular. Se formaron en un ambiente de plataforma mareal, en la que se depositaban sedimentos detríticos procedentes de la erosión del continente. Las corrientes ondulaban el lecho marino sobre el que discurrían, depositando arenas (claras) por arrastre, durante los periodos de mayor energía, produciendo ondulaciones (ripples). Durante los periodos de quietud intermareal se decantaban arcillas, que se acumulaban en las láminas oscuras.

Pista de Arraba.
Lutitas laminadas

A lo largo de la pista se observa una buena panorámica de la serie geológica, diferenciándose claramente el Complejo Urgoniano depositado en un ambiente de plataforma marina, en el que destacan las rocas calizas y el Complejo Supra-Urgoniano de naturaleza deltáica, con areniscas como rocas más características.

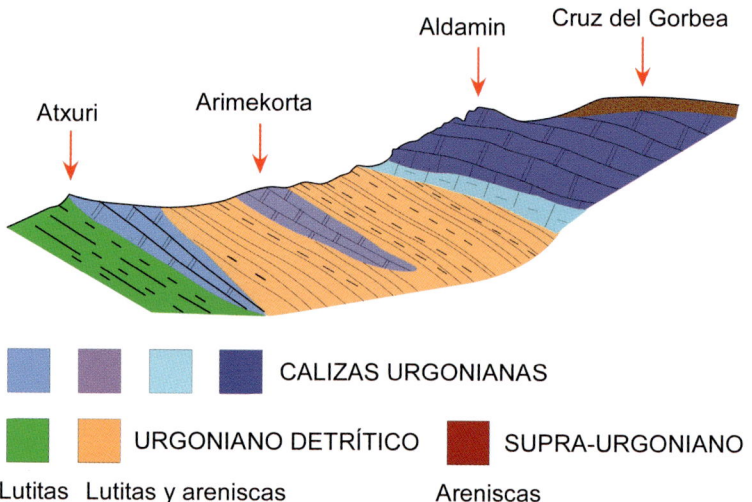

Corte geológico de la panorámica del Gorbea desde la pista de Arraba

GB 02. Cornisa de Arraba. Calizas con rudistas y corales

La cornisa sobre la que se asienta la campa de Arraba está constituida por calizas de *Toucasia*, así denominadas por los fósiles dominantes que contienen, pertenecientes al grupo de los **Rudistas**. Estos bivalvos son típicos de las calizas urgonianas. Tenían forma de cuerno y vivían fijos, apoyados por la punta, sobre el fondo marino, por encima del nivel de base del oleaje, en los mares tropicales, de aguas limpias, cálidas y bien oxigenadas, hace 113 Ma (Aptiense).

Calizas de Toucasia

Desaparecieron hace 65 Ma, al tiempo que los dinosaurios. Eran, junto a los corales, los principales constructores de los arrecifes que caracterizaban el mar tropical de la Cuenca Vasco-Cantábrica.

GB 03. Campa de Arraba. Geo-interpretación panorámica

La campa de Arraba es una extensión herbosa y deprimida respecto de las calizas urgonianas circundantes del macizo de Itxina y su continuación lateral (Arrabakoatxa, Gatzarrieta). El mejor punto para su geo-interpretación está a la entrada del paso de Egiriñao.

La campa se ha formado por la erosión más intensa de las capas, casi horizontales, de litología menos resistente, margas y lutitas que se encuentran «apoyadas» sobre las calizas de la cornisa. Dentro de ese conjunto litológico se pueden observar 2 resaltes intercalados de capas de roca caliza más resistente.

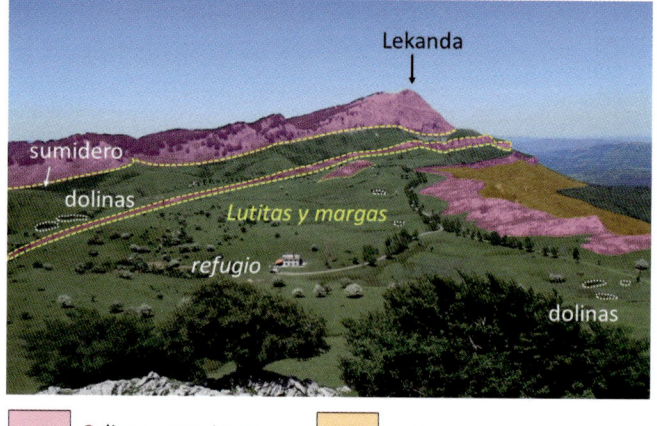

Calizas urgonianas   Lutitas, margas y areniscas

Geo-panorámica de Arraba desde Gatzarrieta-Egiriñao

Las calizas que observamos se formaron en un medio sedimentario de plataforma marina, por la acción y depósito de organismos constructores. Este medio marino somero fue recurrente en el tiempo, lo que se manifiesta por los diferentes tramos calizos. Su separación en el espacio y el tiempo fue causada por la llegada de aportes terrígenos desde el continente que «ensuciaban» las aguas, inhibiendo el crecimiento de los organismos constructores y depositando calizas arenosas, margas y lutitas.

Las capas de roca, ligeramente inclinadas hacia el SW, se asientan unas sobre otras, ordenadas según el tiempo geológico. Las más antiguas, por debajo, son las calizas de la cornisa de Arraba y las más modernas, por encima, las calizas de Itxina, depositadas aproximadamente 1 millón de años después.

GB 04. Salida del Paso de Egiriñao. Geo-interpretación panorámica

Los tramos calizos que se observan desde aquí son equivalentes laterales de los comentados en la campa de Arraba y responden al mismo origen, la precipitación de barro carbonatado y por la acción y depósito de organismos constructores, en el mar urgoniano. La llegada de material terrígeno, a través de un pequeño dispositivo fluvio-deltáico, instalado en las zonas de paso entre los edificios bioconstruidos, depositó las areniscas y lutitas de Egiriñao. Con el cese de estos aportes y la disminución de la profundidad del mar, se reactivó de nuevo el típico ambiente arrecifal, depositándose las calizas de Aldamin, en continuidad lateral con las de Itxina. Poco más de un millón de años después, la llegada masiva de material detrítico desde las áreas emergidas del continente situadas al S provoca la instauración de un gran delta sobre la plataforma urgoniana. Es el comienzo del depósito de las areniscas del Gorbea que termina definitivamente con el ambiente de mar tropical urgoniano.

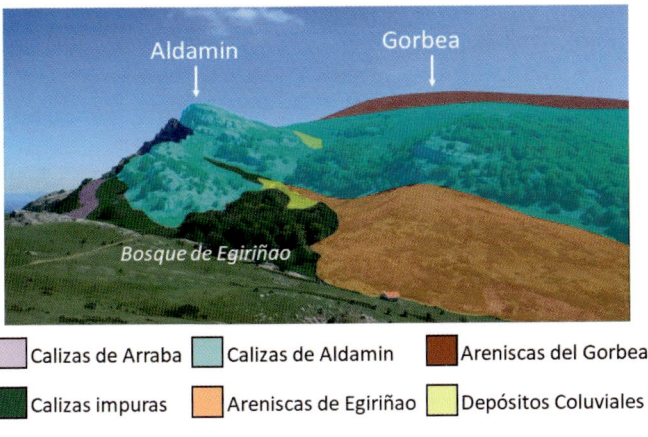

Calizas de Arraba   Calizas de Aldamin   Areniscas del Gorbea

Calizas impuras   Areniscas de Egiriñao   Depósitos Coluviales

GB 05. Fuente y desvío a la izquierda. Areniscas del Gorbea

Las areniscas del Gorbea constituyen el denominado Complejo Supraurgoniano en la zona. Son de tonos claros, con pátinas ocres ferruginosas, de grano medio y composición cuarzosa y micácea, con frecuentes restos carbonosos. Presentan lechos canaliformes y estratificaciones cruzadas que caracterizan los brazos distributarios de un delta, que avanzó sobre la línea de costa, a partir del Albiense medio (105 Ma) y terminó con las condiciones marinas de la plataforma carbonatada urgoniana. En este tramo litológico son frecuentes las intercalaciones de lutitas grises con laminación paralela depositadas por decantación, en las zonas de desborde de los canales.

Areniscas del Gorbea

GB 06. Cumbre del Gorbea. Geo-interpretación panorámica NW

La cumbre del Gorbea está coronada por una emblemática cruz de hierro de gran arraigo montañero. Se levanta sobre una loma de areniscas cuyo relieve suavizado contrasta con el paisaje áspero e irregular de las calizas. La textura granular de las areniscas ha permitido una erosión más homogénea, posibilitando la formación de suelo.

Desde la cumbre la panorámica es completa, resaltando hacia el E numerosas cumbres de caliza urgoniana: Anboto, Aramotz, etc. Hacia el W el característico perfil de la Sierra de Gorobel, tropezándonos primero con las cimas cercanas de Usotegieta, Ipergorta y Gorosteta, de las que se hace una interpretación de su estructura.

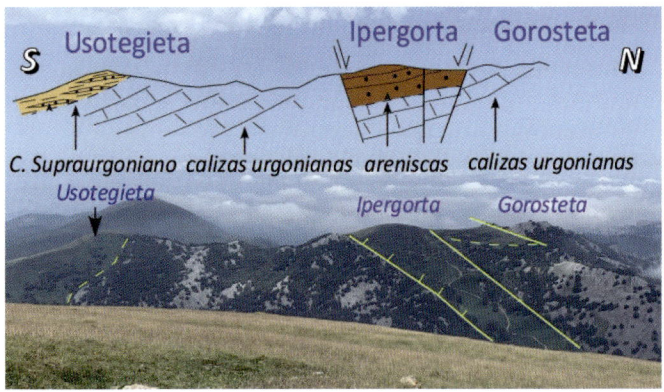

Interpretación de la panorámica NW desde la zona de cumbre

GB 07. Sumidero de Kargaleku. Entrada a Itxina

Por el extremo SW de la campa de Arraba accederemos al karst de Itxina. Justo en la puerta misma se encuentra la dolina de Kargaleku, un sumidero por el que drenan las aguas meteóricas que caen sobre la campa y que alimentan el acuífero de Itxina. La pared sur de la misma está constituida por un montículo bioconstruido de caliza arrecifal.

Sumidero de Kargaleku y montículo arrecifal

GB 08. Ojo de Atxulo. Travertinos

El Ojo de Atxulo constituye la salida de Itxina hacia el N. Su origen se debe al poder erosivo de las aguas subterráneas del acuífero de Itxina durante el pasado, probablemente antes del Cuaternario (>2,6 Ma) cuando el nivel freático del acuífero era más elevado, fue un importante conducto surgente. Posteriormente, al descender el nivel de base, dejó de fluir la descarga de agua subterránea hacia este lado, condicionada por la disposición estructural del macizo, inclinado hacia el SW, produciéndose el desplome del conducto.

La presencia de los depósitos de travertinos en la salida, formados por la pérdida de CO_2 de las aguas subterráneas al salir al exterior, dio lugar a la precipitación directa de carbonato cálcico puro, de color blanco que cementa algunos cantos calizos.

travertinos · Ojo de Atxulo

EL KARST DE ITXINA

El abrupto relieve de Itxina se debe a la acción directa de las aguas meteóricas, a lo largo del tiempo. El agua de lluvia adquiere un carácter ácido al entrar en contacto con el anhídrido carbónico atmosférico lo cual posibilita la disolución del carbonato, componente principal de las calizas. A través de la densa red de fracturas de la roca, las aguas penetran creando surcos sobre su superficie, dando lugar a la forma kárstica conocida como *lapiaz*. Así mismo, se generan profundas grietas y simas por todo el macizo. Este modelado superficial se denomina *exokarst*, y condiciona la rápida infiltración de las aguas, razón por la que no encontramos arroyos ni fuentes en superficie. Las aguas meteóricas se acumulan en el interior, retenidas por los materiales impermeables inferiores (margas) y dan lugar al acuífero de Itxina. Drena hacia el NNW surgiendo en el manantial de Aldabide, encima del barrio de Urigoiti, la cota más baja del macizo.

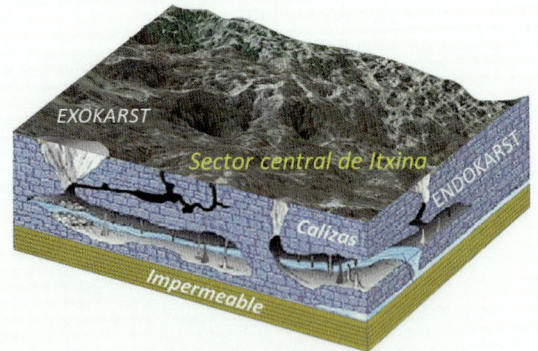

Bloque esquemático del karst de Itxina

La circulación de las aguas subterráneas disuelve progresivamente la roca, creando una intrincada red de galerías de gran potencial espeleológico, modelado conocido como *endokarst*. Como consecuencia, se producen frecuentes hundimientos en la superficie, generando abundantes *dolinas*, que en algunas zonas llegan a coalescer formando depresiones más extensas conocidas como *uvalas*.

FICHA TÉCNICA

Punto de partida: Aparcamiento de Pagomakurre, 9 km al S de Areatza.

Coordenadas: 30T X: 516937   Y: 4769566.

Recorrido: I / V (parcialmente circular)   **Distancia:** 15 km.

Desnivel: 602 m.   **Desnivel acumulado:** 895 m.

Tiempo en movimiento: 5 h 25 min.

Dificultad técnica: Moderada.

CARACTERÍSTICAS GEOLÓGICAS

Estructura: Homoclinal inclinado hacia el SW.

Litología en cumbre: Areniscas y lutitas del Complejo Supraurgoniano.

Edad de la cumbre: Cretácico Inferior, Albiense (~ 105 Ma).

Peñas de Aia

(837 m) (Erroibide-Txurrumurru-Irumugarrieta)

Irumugarrieta Txurrumurru Erroilbide

Embalse de Endara

Cueva de El Juncal

Collado de Aritxulegi

Arrisoro

Albergue Arritxulo

Inicio

Elurretxe

GR -121

ITINERARIO

El camino recorre el crestería de Peñas de Aia desde Arritxulo hasta Elurretxe y vuelve por la senda GR-121. La ruta de ida presenta cierta dificultad ya que tendremos que superar varias zonas de trepada cortas pero sencillas y con buenos agarres. La mayor parte discurre por el granito de Peñas de Aia, un conjunto de rocas ígneas o magmáticas, que se formaron a partir de un magma o fundido, a temperaturas próximas a los 1000°C, que se enfrió lentamente en el interior de la corteza, dando lugar a un cuerpo denominado plutón. Posteriormente, la erosión de los materiales situados por encima provocó su afloramiento.

PIG	Coordenadas	Altitud	Descripción
Inicio	30T X: 516936 Y: 4769565	421 m	Aparcamiento de Arritxulo. Alto de Aritxulegi.
PA01	30T X: 597917 Y: 4791813	498 m	Falla de Aritxulegi.
PA02	30T X: 597843 Y: 4792244	736 m	Arrisoro. Afloramiento de Leucogranito.
PA03	30T X: 598557 Y: 4792810	837 m	Cumbre de Erroilbide.
PA04	30T X: 598546 Y: 4793520	762 m	Labores mineras en Irumugarrieta.
PA05	30T X: 598427 Y: 4793950	578 m	Contacto Granito / Encajante paleozóico.
PA06	30T X: 598445 Y: 4794289	500 m	Elurretxe. Pizarras del Paleozóico.
PA07	30T X: 598103 Y: 4792989	572 m	Diques de cuarzo.
PA08	30T X: 597178 Y: 4791871	389 m	Metamorfismo de contacto. Corneanas.

PA01. Falla de Aritxulegi

Iniciado ya el camino, sobre el propio túnel de Aritxulegi, en el cruce de las rutas GR-121 y PR-Gi-1010 se aprecia un cambio brusco en el relieve. Hacia el N, un fuerte relieve con muchos afloramientos rocosos y de mayor resistencia a la erosión, con abundantes árboles y arbustos.

Hacia nuestro punto de observación, en cambio, el relieve está mucho más suavizado y cubierto de hierba. El límite entre ambos sectores corresponde a la falla de Aritxulegi, contacto tectónico entre dos unidades del granito de diferente composición, dureza y extensión. Leucogranitos, de color claro, hacia el N de la falla y granitos de mayor variabilidad composicional y cromática hacia el S de nuestra posición.

PA 02. Arrisoro. Afloramiento de leucogranito

Los leucogranitos son así denominados por el color blanquecino que imprimen los minerales que los componen: cuarzo (Qtz), plagioclasa (Pgl), feldespato. Constituyen la unidad externa o periférica, la más extensa y resistente a la erosión de todo el granito de Peñas de Aia. A lo largo del recorrido podremos identificar leucogranitos de grano fino, medio y grueso. La unidad central del Plutón, no observable en el recorrido, presenta mayor variabilidad mineralógica, con los mismos minerales claros y otros oscuros como piroxenos, anfíboles, biotita, etc.

Observando los leucogranitos en detalle, se apreciará su textura granuda, es decir de tamaño de grano similar (1-5 mm). Resaltan cristales blanquecinos de mayor tamaño (< 0.5 cm), las plagioclasas, con formas rectangulares distinguibles de los cristales de cuarzo de color gris transparente. Los pequeños minerales oscuros corresponden a biotitas.

Leucogranito de Peñas de Aia — Qtz — Plg

Cuando el granito aflora en superficie, las aguas meteóricas alteran los feldespatos y las plagioclasas con facilidad, formando un sábulo arenoso por el que se transitará en algunos tramos.

Sábulo

PA 03. Cumbre de Erroilbide (837 m)

Cuando la climatología lo permite tenemos una magnífica perspectiva del relieve quebrado que caracteriza la cadena montañosa de los Pirineos. Si desplazamos la mirada hacia el norte observaremos como el relieve anguloso termina bruscamente, apareciendo una zona muy llana a continuación. Este cambio en la morfología del relieve representa el límite entre los Pirineos y la cuenca de Aquitania, de origen netamente geológico.

Relación lateral entre Pirineos (orogenia) y Aquitania (post-orogénica)

Los Pirineos son consecuencia del levantamiento generado durante la colisión entre la placa Iberia y la placa Eurasiática, posteriormente remodelados por la erosión hasta generar el abrupto relieve actual. La cuenca de Aquitania, en cambio, no ha sufrido los efectos de la colisión y representa la zona de depósito de gran cantidad del material erosionado en los Pirineos.

PA 04. Labores mineras en Txurrumurru e Irumugarrieta

Descendiendo de Txurrumurru pasaremos al lado de una antigua explotación de un filón de goethita, en cuyas inmediaciones se construyó una pequeña escombrera. El hueco deja a la vista el vaciado paralelo a la orientación del filón. En el descenso de Irumugarrieta se encuentran varias labores mineras antiguas, de mayor entidad, que explotan un mismo filón emplazado a favor de fracturas. En las paredes aún se aprecian los colores ocres y negros de los restos de la mineralización de hierro (hematites, goethita). Por la parte posterior, siguiendo el camino, en el hueco, se ha construido un pequeño altar con la figura de la Virgen del Juncal. Se aprecia aún un pilar residual de soporte de las antiguas labores.

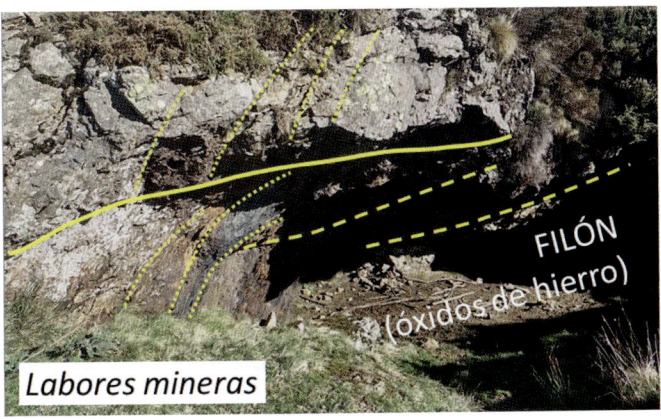

FILÓN
(óxidos de hierro)

Labores mineras

PA 05. Contacto Granito / Encajante paleozóico

Tras dejar atrás las labores mineras nos adentramos en una zona de bosque en la que seguiremos viendo rocas graníticas, que desaparecerán repentinamente al aplanarse el relieve. Este cambio en la topografía señala el fin del granito y el comienzo de la roca encajante. El límite entre ambos, se aprecia un poco hacia la izquierda. Su carácter neto y rectilíneo sugiere que corresponde a una zona de falla, que pone en contacto el granito de Peñas de Aia y el encajante pizarroso.

Contacto tectónico granito/encajante y detalle de la facies de borde

El granito que aflora aquí es muy diferente al del resto del itinerario. Se trata de una roca blanquecina, sin la textura granuda característica del leucogranito. Está constituida por microcristales de cuarzo. Se observan algunos huecos con formas geométricas, que corresponden a moldes originalmente ocupados por grandes cristales (fenocristales) de feldespato. Este tipo de textura con granos de diferente tamaño se denomina porfídica y se genera durante las últimas fases de cristalización del granito, cuando el magma aún por solidificar, es removilizado a través de la zona de falla.

PA 06. Elurretxe. Pizarras del Paleozóico

En Elurretxe, cruzando la carretera, existe un buen afloramiento de la roca encajante. Son pizarras muy monótonas con una fina laminación consecuencia de la deformación. En su origen fueron rocas sedimentarias arcillosas que sufrieron una intensa deformación y metamorfismo, durante la orogenia Varisca, que las transformó en las pizarras que se observan. Al ser las rocas en las que encaja el granito su edad es anterior y representan unas de las rocas más antiguas de Euskal Herria (~320-307 Ma).

Pizarras metamórficas

Roca encajante del Granito de Peñas de Aia

PA 07. Diques de Cuarzo

En este punto el camino se sitúa paralelo a un llamativo resalte del granito que crea pequeños voladizos donde resulta evidente la presencia de un filón de cuarzo de aproximadamente 1 m de espesor. El color blanco del cuarzo destaca en la pared granítica.

Filón de cuarzo

Su origen es hidrotermal, precipitado a partir de la disolución del cuarzo granítico por aguas magmáticas y/o meteóricas infiltradas. Las soluciones de sílice (SiO_2), han rellenado diaclasas, cristalizando en forma de cuarzo. Este tipo de filones suelen formarse durante la etapa final de enfriamiento del magma granítico, o bien por removilización de sílice durante la orogenia alpina.

EL GRANITO DE PEÑAS DE AIA

Constituye el afloramiento granítico más occidental de la cadena pirenaica y el único que aflora en Euskal Herria. El magmatismo que dio lugar al granito tuvo lugar durante el periodo Pérmico (270-267 Ma). El magma alcanzó temperaturas próximas a los 1000°C , enfriándose lentamente en el interior de la corteza al tiempo que ascendía a través de fracturas. Cuando su viscosidad fue suficientemente baja como para dejar de fluir, tuvo lugar lo que se denomina emplazamiento del magma, cristalizando lentamente hasta formar una roca plutónica.

Su variedad composicional es amplia, definiéndose genéricamente como granito por ser éste, el tipo de roca más abundante en el plutón. Su composición mineralógica consiste principalmente en cuarzo, feldespato, plagioclasa y mica, todos ellos silicatos. Encaja en rocas del Carbonífero (~320-307 Ma) depositadas con anterioridad a su intrusión.

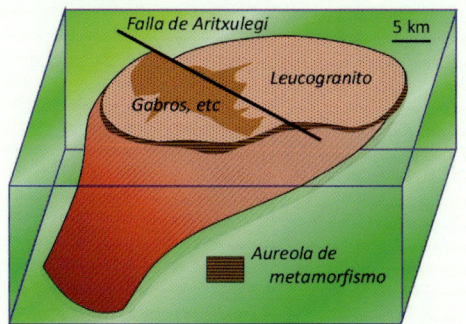

Esquema idealizado de la estructura del plutón granítico de Peñas de Aia

Durante el emplazamiento del granito, las rocas encajantes más próximas sufrieron un calentamiento, que provocó cambios en su mineralogía y textura, proceso denominado metamorfismo de contacto. La zona afectada alrededor del granito, constituye la denominada aureola metamórfica, no siempre visible. Las rocas resultantes de este proceso se conocen como corneanas, con bonitos afloramientos en la zona de Artikutza, fuera de este itinerario.

FICHA TÉCNICA

Punto de partida: Aparcamiento albergue de Arritxulo
(Alto de Aritxulegi).
Coordenadas: 30T X: 597716   Y: 4791749.
Recorrido: Circular.   **Distancia:** 11,5 km.
Desnivel: 460 m.   **Desnivel acumulado:** 926 m.
Tiempo en movimiento: 4 h 30 min.
Dificultad técnica: Difícil.

CARACTERÍSTICAS GEOLÓGICAS

Estructura: Plutón granítico de Peñas de Aia emplazado en el
macizo Paleozoico de Cinco Villas.
Litología en cumbre: Leucogranito.
Edad de la cumbre: Pérmico (~ 270 - 267 Ma).

Txindoki / Larrunarri

1342 m)   (Sierra de Aralar)

Arturbi Urakorri   **Txindoki Larrunarri**   Ganboa

6   5   4

Zirigate

fuente Oria   3

Jurásico

7   *URGONIANO*   *Infra-urgoniano*

Ausa Gaztelu

2

1

Larraitz

Cretácico Superior

ITINERARIO

El Txindoki constituye el vértice NW de la sierra de Aralar. Se propone una ruta circular que asciende desde Larraitz, siguiendo la pista de ascenso habitual, que llega hasta la cumbre pasando por el collado de Zirigate. Después de hacer cumbre, descenderemos hasta el cruce de Egurral para, continuando hacia el este, llegar al bonito arroyo Muitze y rodear completamente el Txindoki. La mayor parte del itinerario transcurre sobre rocas del Complejo Urgoniano, de edad Aptiense-Albiense (125-100 Ma), todo un conjunto de rocas sedimentarias depositadas en ambientes marinos, cuya litología más característica son las calizas con rudistas, depositadas en un ambiente generalmente arrecifal. Durante un corto tramo, en Beltzutegi, transitaremos por rocas del Jurásico (165 Ma) que constituyen el sustrato de la parte central del macizo de Aralar.

PIG	Coordenadas	Altitud	Descripción
TX01	30T X: 573587 Y: 4765128	414 m	Inicio. Aparcamiento de Larraitz.
TX02	30T X: 572987 Y: 4764104	636 m	Urgoniano terrígeno
TX03	30T X: 573655 Y: 4763062	964 m	Zirigate. Cara Sur. Calcarenitas fosilíferas
TX04	30T X: 574281 Y: 4763717	1342 m	Cumbre del Txindoki. Panorámicas
TX05	30T X: 574958 Y: 4763909	905 m	Barranco y cascada de Muitze.
TX06	30T X: 574136 Y: 4764579	603 m	Coluvial carbonatado cementado.

TX 01. Parking de Larraitz. Panorámica de la cara N del Txindoki

Desde el mismo parking de Larraitz hay una buena panorámica del primer tramo del recorrido. Destacan las calizas urgonianas que constituyen la pirámide del Txindoki de abrupto relieve, sobre una zona herbosa, de relieve suavizado. Inmediatamente por debajo de las calizas, se encuentra una unidad terrígena formada por margas, areniscas y lutitas, también perteneciente al Complejo Urgoniano. Dentro de la zona herbosa, un ligero cambio de pendiente marca el cabalgamiento del conjunto urgoniano, de edad Cretácico Inferior, Aptiense-Albiense (~115-104 Ma) sobre rocas más recientes del Cretácico Superior, de edad Cenomaniense (~98 Ma), situadas por debajo. La suavidad del relieve por debajo de las calizas se debe a la mayor facilidad de desgaste frente a la erosión de las rocas.

Interpretación cartográfica del Txindoki desde Larraitz

TX 02. Urgoniano terrígeno

Hasta llegar al collado de Zirigate veremos rocas con variable contenido de material terrígeno: lutitas negras, areniscas, margas, etc. Se depositaron en el mismo mar que las calizas urgonianas pero en zonas más deprimidas, por las que circulaban aportes detríticos procedentes de la erosión del continente.

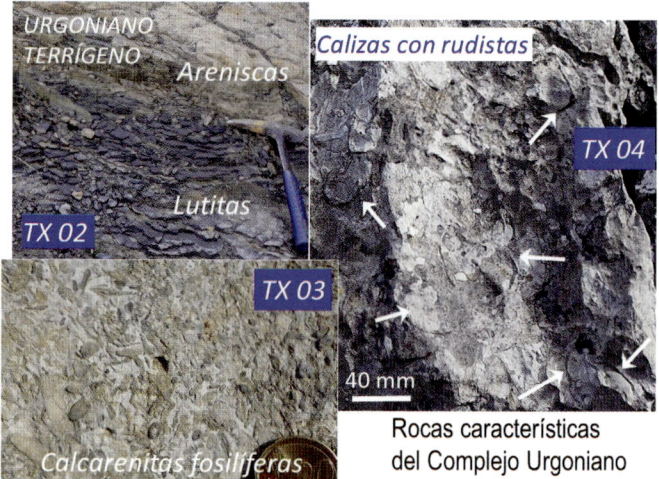

Rocas características
del Complejo Urgoniano

TX 03. Collado de Zirigate. Visual de la cara sur del Txindoki

Desde este punto se tiene una buena visión de la serie geológica completa del Txindoki. Al S los terrenos del Jurásico marino de Aralar, que cabalgan sobre un tramo detrítico infra-urgoniano.

La diversidad de rocas del Complejo Urgoniano representadas en esta visual nos descubre las condiciones del ambiente sedimentario en el que se depositaron, es decir las características del mar tropical que cubría el área de Txindoki hace más de 120 Ma que se prolongó durante unos 15 millones de años. Las calizas con rudistas, corales y otros organismos fue la litología característica de este periodo. Se depositaron en un mar cálido, limpio y de aguas oxigenadas, en un ambiente de plataforma poco profunda en el que proliferaba la vida submarina favoreciendo la bioconstrucción de edificios arrecifales. No obstante, el mar urgoniano no fue homogéneo, ya que existían zonas a través de las cuales circulaban aguas cargadas de material fino arcilloso (terrígeno) arrancado por la erosión del continente meridional, cuya turbidez impedía el desarrollo de las calizas arrecifales y otras de similar naturaleza. Este tipo de materiales dio lugar a rocas detríticas, lutitas y areniscas, que constituyen el denominado Urgoniano terrígeno, observable hasta llegar al collado. En zonas de mayor profundidad más alejadas de la plataforma también se depositaban al mismo tiempo barros de carbonato, con diferente grado de contaminación terrígena, que dieron lugar a margocalizas o margas respectivamente. Son diferenciables a simple vista de las calizas típicas urgonianas, ásperas y desnudas, por agruparse en bandas de relieve más suave y vegetación herbosa.

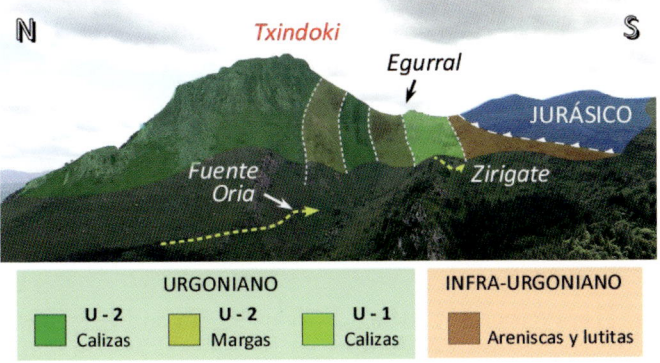

Interpretación cartográfica de la cara S del Txindoki

TX 04. Cumbre de Txindoki y panorámicas

La cumbre del Txindoki está constituida por calizas con rudistas correspondientes a un segundo episodio urgoniano, que se desarrolló en el área. Desde la misma hay buenas panorámicas hacia el S - SW y hacia E, que dan una visión bastante completa de la geología del macizo de Aralar.

Cumbre del Txindoki y panorámica de Aralar

Panorámica hacia el S - SW

Contemplando la dirección de los estratos del Jurásico, se aprecia su choque contra los materiales infra-urgonianos, que definen un escalón herboso, terminando en fuerte escarpe que continua por la cima del Ausa Gaztelu. Ya que los materiales jurásicos, más antiguos, se sitúan por encima, su contacto se interpreta como un cabalgamiento, o falla inversa de escaso buzamiento, a través de cuyo plano los materiales del Jurásico se colocan sobre los más modernos del Cretácico Inferior (infra-urgoniano).

Geo-panorámica SW interpretada desde la cumbre

Panorámica hacia el E

En primer término, se aprecian dos crestones, en los que resaltan varias bandas de calizas urgonianas, blancas y desnudas, separadas por otras de margas cubiertas de pasto. Su continuidad se encuentra desplazada en dirección S-N por una falla vertical, superficie de discontinuidad que ha favorecido la excavación del barranco por el arroyo de escorrentía.

En un segundo plano, separado por el valle de Arritzaga, se encuentra una alineación de cumbres donde son fácilmente identificables las bandas representadas en primer término.

Hacia el S, un nítido escarpe permite establecer la continuidad de la superficie de cabalgamiento expuesta en la panorámica al SW, pero montando en este sector sobre rocas también jurásicas. La gran diferencia de inclinación que se aprecia entre las capas por encima y debajo del cabalgamiento se debe a este accidente, provocado por fuerzas tectónicas, capaces de trastocar completamente la posición originalmente horizontal de los estratos.

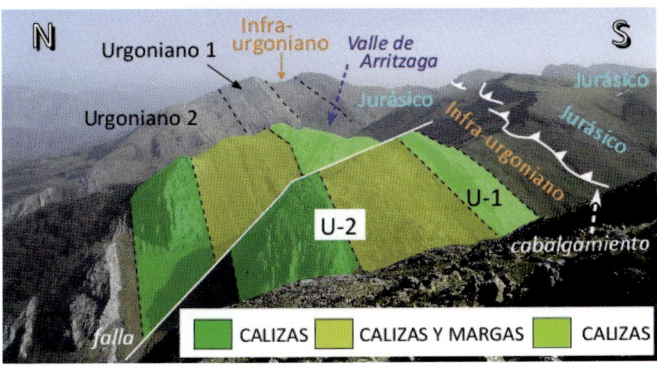

Geo-panorámica E

TX 05. Salto de agua del arroyo Muitze

Durante el descenso se cruza varias veces el arroyo Muitze que normalmente apenas lleva caudal, debido a la rápida escorrentía e infiltración en el sustrato calizo. Forma algunos bonitos saltos de agua cuando atraviesa capas de roca caliza más resistentes a la erosión que las inferiores.

TX 06. Coluvial cementado de cantos calizos

La fuerte inclinación de la ladera N del Txindoki ha determinado que al pie de la misma sean frecuentes los derrubios de cantos calizos de morfología irregular. Se depositan sueltos, pero el agua meteórica que ha circulado entre los mismos ha disuelto y precipitado el carbonato cálcico que los cementa, originando este material conocido como coluvial cementado de cantos calizos.

INTERPRETACIÓN DE LA ESTRUCTURA DE ARALAR Y SU PROLONGACIÓN HACIA EL N

La estructura actual del macizo de Aralar, se inscribe en el proceso de convergencia y choque de placas tectónicas, que comenzó hace 80-75 Ma, y que dio lugar al levantamiento de la cordillera de los Pirineos. Se puede explicar mediante la generación inicial de un pliegue apuntando hacia el N. Por aumento de la deformación el flanco S se rompió según dos cabalgamientos. El desplazamiento y empuje asociado a estos cabalgamientos generó la verticalización del bloque central, la inversión de los materiales del bloque inferior y la consiguiente colocación de los materiales más antiguos sobre materiales más modernos.

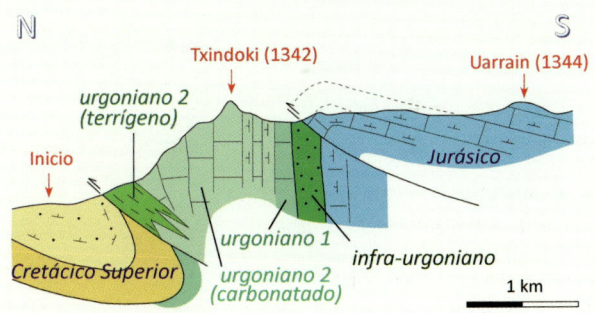

EL URGONIANO. DINÁMICA Y AMBIENTE SEDIMENTARIO

Durante el Aptiense inferior, el mar invadió la Cuenca Vasco-Cantábrica de manera generalizada (transgresión) instaurándose un medio de plataforma poco profunda. Los inicios de esta nueva fase de sedimentación están representados en Txindoki, por las calcarenitas bioclásticas de Zirigate (TX 03) es decir, una arenisca formada por granos calcáreos y abundantes fósiles y fragmentos de los mismos, que reflejan fondo marino agitado y poco profundo. Los organismos de esta roca eran más tolerantes a la contaminación terrígena, todavía persistente, que los rudistas y corales, organismos constructores que se instalaron a continuación. Fue el primer episodio Urgoniano en la zona, de naturaleza mayormente caliza.

A finales del Aptiense las amplias plataformas carbonatadas comenzaron una dinámica de hundimiento más activa, provocada por el rejuego de fallas profundas, originadas millones de años antes. Se produjo una compartimentación del fondo de la cuenca en zonas de alto y de surco, con lo cual el tipo de sedimentación variaba entre zonas relativamente próximas. En las zonas de alto, rudistas, corales y otros organismos (TX 05), seguían desarrollando parches calizos, con montículos arrecifales bioconstruidos en sus bordes, mientras que en las zonas de mayor profundidad se depositaban margas o lutitas.

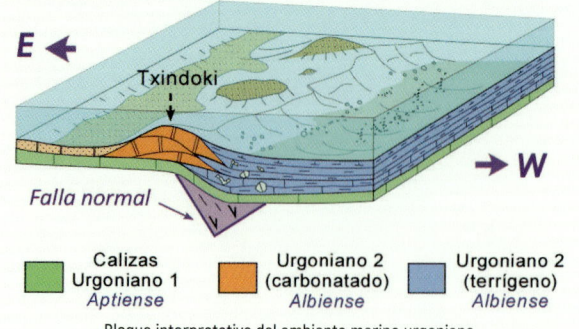

Bloque interpretativo del ambiente marino urgoniano

FICHA TÉCNICA

Punto de partida: Aparcamiento de Larraitz, Abaltzisketa.
Coordenadas: 30T X: 573521   Y: 4765209
Recorrido: Circular.   **Distancia:** 9,1 km.
Desnivel: 932 m.   **Desnivel acumulado:** 1335 m.
Tiempo en movimiento: 3 h 40 min.
Dificultad técnica: Moderada.

CARACTERÍSTICAS GEOLÓGICAS

Estructura: Cabalgamiento de Aralar.
               Serie verticalizada de Txindoki.
Litología en cumbre: Calizas urgonianas con Rudista.
Edad de la cumbre: Cretácico Inferior, Aptiense sup.- Albiense
               (~ 110 Ma).

Iparla

(1046 m)   (Macizo de Iparla)

Irubelakaskoa
Artzamendi
Iparla
7
6
Atalatze
Pagalepoa
5 4
Harriondi
3
2
1
Bidarrai

ITINERARIO

Durante el recorrido atravesaremos rocas depositadas en un periodo muy significativo de la historia geológica de la Tierra, durante el cual se dieron dos eventos globales de gran relevancia: la colisión continental dio lugar al supercontinente Pangea y la Gran Extinción de finales del Pérmico que acabó con la mayor parte de la vida del Planeta. En el itinerario se diferencian dos unidades geológicas, la inferior, por la que andaremos primero, depositada durante el Pérmico (299-252 Ma) de la era Paleozoica y la superior del Triásico Inferior (252-247 Ma) de la era Mesozoica. Una característica llamativa a lo largo del recorrido es la coloración rojiza que presentan las rocas, la cual es debida a la presencia de partículas microscópicas de óxidos de hierro, cuya alteración produce el polvo rojo del camino.

PIG	Coordenadas	Altitud	Descripción
IP01	30T X: 633955 Y: 4791597	139 m	Geo-panoramica de la cara E del macizo.
IP02	30T X: 633008 Y: 4790436	410 m	Afloramiento de lutitas rojas del Pérmico.
IP03	30T X: 632764 Y: 4790246	495 m	Contacto geológico Pérmico / Triásico.
IP04	30T X: 632721 Y: 4790091	515 m	Conglomerados canaliformes.
IP05	30T X: 632656 Y: 4789966	554 m	Areniscas con estratificaciones cruzadas.
IP06	30T X: 631988 Y: 4788349	909 m	Grietas abiertas sobre diaclasas.
IP07	30T X: 631712 Y: 4787479	1046 m	Cumbre del Iparla. Panorámicas.

IP 01. Geo-panorámica de la cara E del macizo de Iparla

Antes de comenzar el recorrido, desde el mismo pueblo, tenemos una buena panorámica del Iparla, así como de la empinada cara E del macizo. Las dos unidades que se atravesarán son fácilmente identificables, en base a su diferente desgaste frente a la erosión. La zona de pastos corresponde a rocas de edad Pérmico, de menor resistencia a la erosión. En cambio, la fuerte pendiente del macizo se debe a las rocas del Triásico Inferior mucho más resistentes. Las capas presentan una ligera inclinación hacia el W, dando una ladera de suave relieve a favor de las superficies de estratificación, estructura geomorfológica conocida como *cuesta*. Hacia el E, el relieve corta las capas resistentes y la pendiente es abrupta, geo-forma denominada rampa.

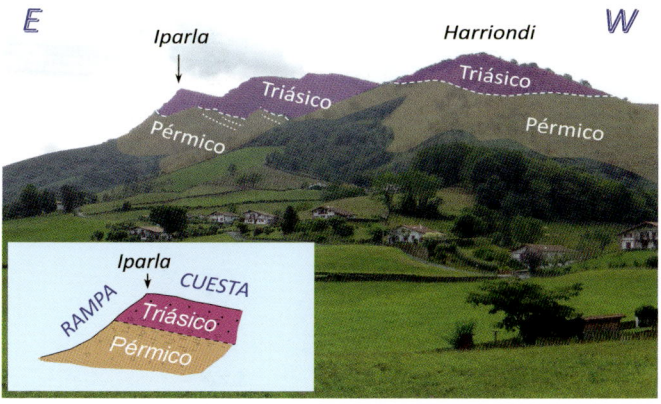

Geo-panorámica E del macizo de Iparla y formas del relieve

El contacto entre ambas unidades, Pérmico/Triásico Inferior es ligeramente discordante, es decir, los estratos de ambas no son paralelos. Indica un lapso de tiempo, sin continuidad en el depósito entre ambas unidades y con una ligera deformación, antes del depósito de la unidad superior.

IP 02. Afloramiento de lutitas rojas del Pérmico

Este afloramiento, de llamativo color rojizo, corresponde a una secuencia de lutitas. Se depositaron en los extensos márgenes en un sistema fluvial que periódicamente se desbordaba, depositando las partículas de tamaño limo y arcilla por decantación. Las micropartículas de óxido de hierro (hematites) responsables de la coloración, seguramente procedían de suelos desarrollados en el área fuente, bajo clima tropical.

En esas condiciones oxidantes, los minerales ferruginosos del sustrato sobre el que se desarrollaron tales suelos, se alteraron. Las partículas de óxido formadas fueron así arrastradas por corrientes fluviales, coloreando de rojo los sedimentos. Realmente menos de un 1% de hematites es suficiente para teñir la roca de forma llamativa.

Arcillas rojas del Pérmico, disgregadas a causa del intemperismo

IP 03. Contacto geológico Pérmico / Triásico

El contacto entre las rocas pérmicas hasta aquí observadas y las triásicas suprayacentes, que recorreremos ya hasta la cumbre, se hace patente por la presencia de un visible escarpe originado por la mayor resistencia a la erosión de los conglomerados y areniscas del Triásico. A partir de este punto, el color del suelo pasa a ser negro, dejando atrás los tonos rojizos del Pérmico.

Contacto
Pérmico / Triásico

Si nos fijamos con algo de detenimiento en los conglomerados triásicos, veremos que los cantos son mayoritariamente de la misma composición (cuarcitas), homogeneidad que refleja su procedencia de un área fuente común. Su elevada esfericidad y redondez (mayor desgaste) certifica también un transporte prolongado, antes de su sedimentación. Además, la ausencia de matriz (granos de menor tamaño entre la trama de cantos) indica una elevada selección de tamaños. Todo ello es compatible con su transporte por corrientes fluviales de tipo trenzado. Al contrario, la presencia de matriz en algún ejemplo de conglomerados pérmicos, nos habla de un transporte de alta viscosidad, de tipo flujo de barro, capaz de transportar clastos de tamaños muy diferentes. Sería compatible, en este caso, con abanicos aluviales al pie de relieves montañosos. La mayor esfericidad y redondez de los conglomerados triásicos certifica también una distancia de transporte más larga antes de su sedimentación. Queda patente, que el medio sedimentario en la cuenca de Bidarrai, durante el Pérmico y el Triásico, fue notablemente diferente.

Durante este periodo de la historia geológica conocido como Permo-Trías finalizó el proceso de colisión entre Laurussia y Gondwana, que dio lugar al orógeno (cordillera) Varisco y a la formación del supercontinente Pangea. Además, este contacto entre el Pérmico y el Triásico (~252 Ma) data la Gran Extinción de seres vivos que tuvo lugar en ese tiempo a nivel planetario.

IP 04. Conglomerados canaliformes

Poco después del cruce hacia Pagalepoa, a la izquierda, veremos un nivel de conglomerados de un par de metros de potencia, con las marcas de la GR 10. Se aprecia un contacto muy marcado entre unas areniscas (rojizas) y unos conglomerados (grises).

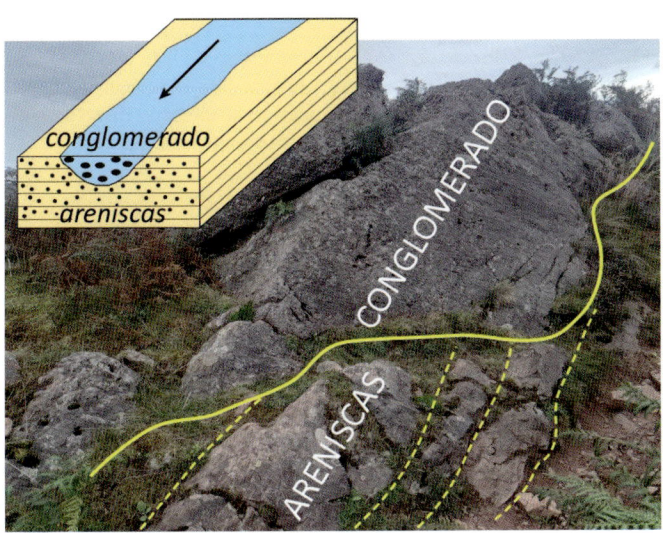

Cauce fluvial de conglomerados excavado sobre areniscas

Observamos cómo el cuerpo de conglomerados excava los estratos de arenisca lo que indica que una corriente fluvial que arrastraba cantos (conglomerado) penetró en un lecho arenoso, dejando la huella del cauce o canal relleno.

IP 05. Areniscas con estratificaciones cruzadas

En la zona de Pagalepoa alcanzamos un crestón de areniscas que nos acompañará ya hasta la cumbre. Presenta frecuentes estructuras planares, oblicuas a la estratificación principal. Se denominan estratificaciones o laminaciones cruzadas, dependiendo del espesor de los lechos. Se forman a partir del depósito de los granos detríticos que arrastra una corriente, sobre los planos inclinados de superficies onduladas. Las sucesivas capas inclinadas van agregándose en el sentido del flujo de las corrientes direccionales, en este caso de naturaleza fluvial. No obstante, también se originan en otros ambientes, como dunas desérticas por el viento como agente tractor, o en zonas costeras por influencia del oleaje.

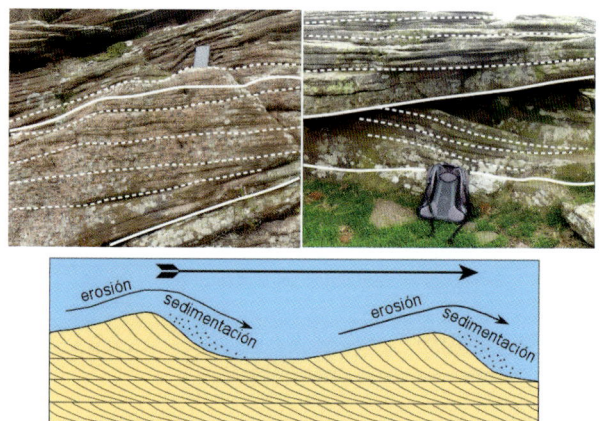

Areniscas con estratificación cruzada y su origen

La estratificación cruzada puede ser utilizada para deducir la dirección de las corrientes de agua o de viento durante la sedimentación. El sentido de buzamiento (inclinación) de los lechos arenosos indica la dirección de las paleocorrientes.

IP 06. Grietas abiertas sobre diaclasas

En el camino, muy cerca de la línea de cresta, se observan algunas grietas abiertas, perpendiculares a la misma, que desarrolladas a partir de las fracturas de la roca (diaclasas). Entre los bloques a ambos lados de la fractura no ha existido movimiento. En caso contrario, con movimiento, la fractura sería una falla. Lo habitual es que las diaclasas aparezcan agrupadas en familias, de diferentes orientaciones. Se producen en rocas consolidadas y competentes, que tienen un comportamiento frágil frente a los esfuerzos, es decir que tienden a romperse, por ejemplo areniscas, calizas, cuarcitas, granitos, etc.

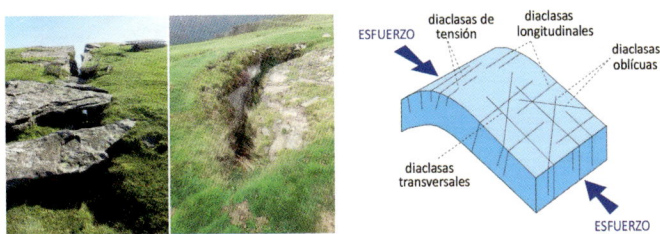

Familias de diaclasas en relación a los esfuerzos orogénicos

Cuando tales rocas se ven sometidas a un esfuerzo que excede su resistencia, durante un proceso de plegamiento, acaban fracturándose, agrupándose en familias con distintas orientaciones. Las más habituales suelen ser las perpendiculares a los esfuerzos (diaclasas longitudinales), pero también pueden aparecer diaclasas paralelas (transversales) o diaclasas oblicuas. Una vez generadas, los procesos erosivos asociados al agua o al hielo hacen que se vayan ensanchando progresivamente.

IP 07. Cumbre del Iparla y panorámicas

Desde la cumbre tenemos una amplia panorámica de 360°con una espectacular vista de los Pirineos occidentales hacia el SE. Ligeramente hacia el SW podemos apreciar la continuidad de las capas del Triásico, ligeramente inclinadas hacia el W, que constituyen el tramo S de la sierra de Iparla.

Cumbre de Iparla y
panorámica de los
Pirineos occidentales

LA GRAN EXTINCIÓN DE FINALES DEL PÉRMICO. LECCIONES PARA EL PRESENTE

A finales del Pérmico y comienzos del Triásico (252 Ma) tuvo lugar la extinción global de mayor magnitud de toda la historia de la Tierra. Marca el fin del Paleozóico y el comienzo del Mesozóico. Como consecuencia de ella, el 96% de las especies marinas y más del 70% de las terrestres, desaparecieron en un corto periodo de tiempo (< 1 millón de años) de ahí que, a este periodo se le suela denominar como de la Gran Mortandad. La causa principal de este catastrófico evento fue la gran inyección de CO_2 en la atmósfera, causada por una enorme actividad volcánica ocurrida en Siberia (Siberian Traps). Una pluma procedente del manto inferior ascendió y chocó contra la litosfera expulsando una ingente cantidad de magma sobre la superficie. Se calcula que la lava ocupó una extensión de más de 5 millones de km^2 (una superficie mayor que Europa) con un espesor superior a los 2,5 km. A esa masiva emisión volcánica de CO_2 también contribuyó la combustión de formaciones de carbón y combustibles fósiles que fueron atravesadas por el magma durante su ascenso. Como consecuencia del efecto invernadero subsecuente tuvo lugar un calentamiento global, que trajo la pérdida de grandes cantidades de oxígeno del océano y una elevada acidificación del mismo, entre otros efectos. La vida se tornó así impracticable para la mayoría de los organismos.

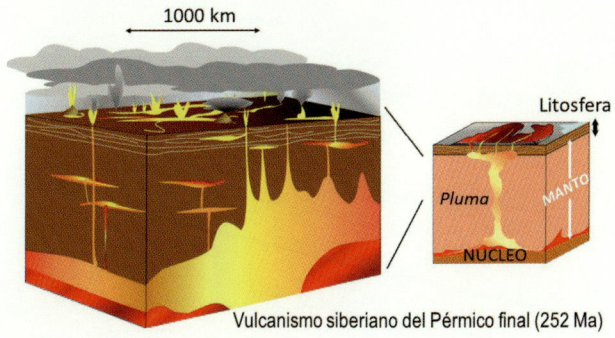

Vulcanismo siberiano del Pérmico final (252 Ma)

Teniendo en cuenta la escala de tiempo y las cantidades de CO_2 que se emitieron durante las erupciones de finales del Pérmico, la comparación con las emisiones actuales generadas por la quema de combustibles fósiles es poco realista. Los actuales reservorios geológicos de combustibles fósiles son insuficientes para la liberación antropogénica de gases de efecto invernadero, más allá de escalas de tiempo centenarias. No obstante, se debe considerar que la tasa máxima anual calculada de emisiones, durante la Gran Extinción del Pérmico fue 14 veces menor que la tasa actual de emisiones antropogénicas. Sin embargo, mientras que el deterioro ambiental del Pérmico tardó miles de años en desarrollarse, actualmente se están registrando en todo el planeta aumentos combinados del CO_2 atmosférico con una disminución del pH de la superficie oceánica, un calentamiento global, cambios en la productividad y agotamiento del oxígeno. Ello sugiere que el escenario del límite permo-triásico puede darnos algunas claves para comprender las tendencias ambientales y climáticas futuras.

FICHA TÉCNICA

Punto de partida: Aparcamiento de Bidarrai, junto al ayuntamiento.
Coordenadas: 30T X: 634000   Y: 4791598
Recorrido: I / V.   **Distancia:** 12,6 km.
Desnivel: 909 m.   **Desnivel acumulado:** 926 m.
Tiempo en movimiento: 4 h 20 min.
Dificultad técnica: Moderada.

CARACTERÍSTICAS GEOLÓGICAS

Estructura: Homoclinal de Bidarrai. Rift permo-triásico.
Edad de la cumbre: Triásico Inferior (252-247 Ma).

Mondarrain

(749 m)   (Macizo de Mondarrain)

Mondarrain
Col Amezketa
Ezkondrai
Parking inicio

ITINERARIO

El itinerario transcurre enteramente sobre rocas pertenecientes a la era Paleozoica (540-250 Ma) aunque únicamente se transita sucesivamente por 3 de los 6 periodos de ésta: Carbonífero, Devónico y por el Ordovícico. Ya de vuelta, con poco esfuerzo, ascenderemos al pico Ezkondrai.

Antes de empezar el recorrido, nos llamará la atención hacia el NE el impresionante Macizo de Ursuia que domina la vista. Allí se encuentran las rocas más antiguas de Euskal Herria, correspondientes al Precámbrico, de hace más de 540 Ma.

PIG	Coordenadas	Altitud	Descripción
MD01	30T X: 627947 Y: 4796850	359 m	Parking del Mondarrain. Geo-panorámica.
MD02	30T X: 627506 Y: 4796317	463 m	Esquistos negros del Carbonífero.
MD03	30T X: 627374 Y: 4796161	500 m	Turbera.
MD04	30T X: 627199 Y: 4795880	623 m	Campo de bloques de cuarcita.
MD05	30T X: 627204 Y: 4795602	730 m	Cuarcitas del Mondarrain. Devónico.
MD06	30T X: 627238 Y: 4795536	737 m	Individualización de bloques de cuarcita.
MD07	30T X: 627160 Y: 4795539	748 m	Cumbre del Mondarrain. Panorámicas.

MD 01. Parking del Mondarrain. Geo-panorámica

Desde aquí hay una buena panorámica para interpretar la geología del recorrido. Se observa, cómo las rocas más antiguas del itinerario, Devónico (~405 Ma) y Ordovícico (~470 Ma) se asientan sobre las más modernas del Carbonífero (~320 Ma). La posición actual de las mismas no coincide por tanto con la que tuvieron en el momento de su depósito, las más moderna siempre encima. Su emplazamiento fue causado por esfuerzos tectónicos posteriores al depósito, debidos a la orogenia **Varisca**.

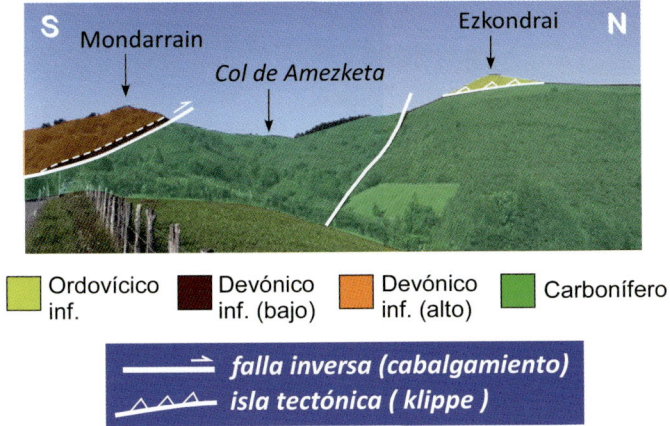

MD 02. Esquistos del Carbonífero

Originalmente fueron rocas detríticas de grano fino (lutitas y arcillas) que durante la orogenia Varisca se vieron sometidas a elevadas presiones y temperaturas. Como consecuencia, sufrieron cambios mineralógicos y texturales, en un proceso conocido como metamorfismo. En el afloramiento, además de la original estratificación (S_0) se distinguen planos de esquistosidad (P1) producidos por la deformación Varisca, y otros (P2 y P3) que cortan a los anteriores, siendo por ello posteriores, y generados durante la orogenia Alpina. La interferencia de estos planos y el espaciado entre los mismos, determina la disyunción de la roca en fragmentos con apariencia de listones.

Esquistos del Carbonífero
y detalle a la lupa

Con una sencilla lupa de bolsillo veremos su estructura interna, distinguiendo lechos milimétricos alternantes. Los blanquecinos, de mayor espesor, están constituidos por granos de cuarzo de tamaño arena. Los oscuros más finos, son de naturaleza arcillosa. Estas microestructuras se conocen como **microrritmitas**. Se formaron en un ambiente marino de cierta profundidad, en relación con una lejana y pronunciada pendiente, correspondiente a un talud marino o a un frente deltaico. Allí se producían avalanchas de material por gravedad conocidas como **turbiditas**. Las corrientes, cargadas de sedimento, llegaban muy debilitadas a la zona de depósito, sin capacidad de transportar granos gruesos depositando el material fino arenoso (lechos claros) o bien el arcilloso, por decantación, cuando las corrientes apenas eran perceptibles.

MD 03. Turbera

Estas formaciones de suelo son frecuentes en toda la zona. Se desarrollan típicamente en áreas de clima templado-frío y húmedo, en zonas de pendiente reducida, donde la acumulación de agua meteórica forma una charca o lago. Permanecen anegadas a lo largo del año, acumulando la vegetación que se descompone lentamente, proceso favorecido por las bajas temperaturas, la escasez de oxígeno y acidez del agua, con una reducida actividad bacteriana. Son ecosistemas muy vulnerables, de importante función ecológica ya que poseen una elevada biodiversidad vegetal. Su contribución medioambiental es decisiva, ya que son los sumideros de carbono más eficientes del planeta. Su abundante flora capta el anhídrido carbónico (CO_2) del aire, fijando el carbono en los restos vegetales que van acumulándose, contribuyendo así a la mitigación del cambio climático. La turba que se va generando en su interior es la antecesora del carbón, en el cual se transformará con su progresiva acumulación y enterramiento.

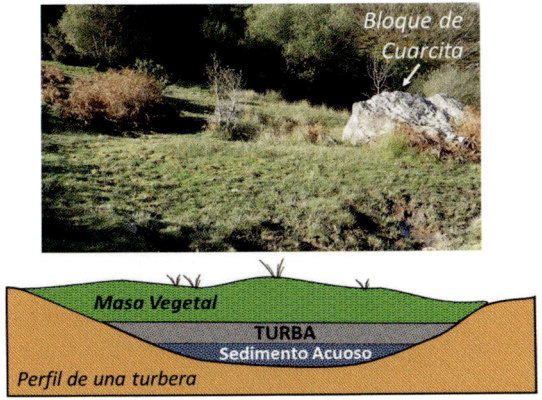

Pequeña turbera y esquema ideal de su perfil

MD 04. Campo de bloques de cuarcita

Superado el tramo más inclinado de nuestra ascensión llegaremos a un terreno herboso, sobre el que se encuentran numerosos bloques de cuarcita de grandes dimensiones, desprendidos pendiente abajo, por efecto de la gravedad, desde la zona de cumbre. A medida que nos acerquemos a ella la cantidad de estos bloques aumenta notablemente. Sus dimensiones están determinadas por el espaciado existente entre las fracturas y la estratificación de los estratos de cuarcita del Devónico, observación que podremos hacer cerca de la cumbre. La superficie sobre la que se apoyan es un suelo, desarrollado sobre los esquistos carboníferos infrayacentes.

Bloques de cuarcita desprendidos de la cumbre

MD 05. Cuarcitas del Mondarrain. Devónico (411-407 Ma)

Una vez sobrepasado un tramo llano salpicado de bloques bajo una mole de cuarcita, en la que hay una escuela de escalada con vías para todos los niveles, a la salida de la curva, veremos un talud casi vertical en el que las superficies de estratificación de la cuarcita, no son planos paralelos, sino que definen lechos alabeados de espesores variables. Se trata de estratificaciones cruzadas, generadas en un fondo arenoso, con dunas de cierto tamaño creadas por corrientes de oleaje, por lo que estas rocas se depositaron en un ambiente marino litoral.

Cuarcitas del
Devónico

Detalle lupa

Mirando una superficie de roca limpia con la lupa, veremos la textura de las cuarcitas (detalle). Se distinguen los granos de cuarzo que la componen, de tamaño arena y bastante homogéneos. Poseen una elevada redondez, lo que indica que han sufrido un transporte y una abrasión prolongada consecuencia del oleaje. Proceden de areniscas preexistentes ricas en cuarzo, que afloraban en el área durante el Devónico Inferior, periodo durante el que se depositaron. Los granos aparecen unidos por un cemento de la misma composición, sílice, siendo posible distinguir todavía el borde de los mismos. Con el aumento de la presión y la temperatura, los granos de cuarzo y el cemento silíceo de las areniscas originales sufrieron un proceso de recristalización que poco a poco fusionó los granos, hasta generar una pasta de cuarzo. Sin embargo, el borde de los mismos todavía se distingue sin dificultad, por lo que podemos concluir que estas rocas alcanzaron sólo los primeros estadios de la recristalización.

MD 06. El proceso de individualización de los bloques de cuarcita

En el muro de cuarcitas que aparece frente a nosotros hacia el SE, se observa la dirección de los planos de estratificación con un buzamiento (inclinación) de unos 35° hacia el E. Estos planos están cortados por sistemas de fracturas casi verticales, de modo que su interferencia con la estratificación individualiza bloques de 1 a 5 m³. El desgaste de la alteración meteórica abre progresivamente las fracturas, haciendo que la posición de los bloques sea cada vez más inestable, terminando por desprenderse ladera abajo por efecto de la gravedad. Es el origen de los numerosos bloques que hemos podido ver durante nuestro itinerario.

Disgregación en bloques de las cuarcitas del Devónico

MD07. Cumbre del Mondarrain. Panorámicas

En la pequeña explanada de la zona de cumbre, existen restos de una antigua fortificación, construida a comienzos de siglo XIX. Formaba parte de una línea defensiva que se extendía a lo largo del rio Nive hasta el mar. Su objetivo fue frenar el avance de las tropas del general Wellington en su intento de invadir Francia. Desde esta cumbre tendremos bonitas panorámicas en las que podremos distinguir algunas cumbres montañeras muy emblemáticas.

LA OROGENIA VARISCA O HERCÍNICA

Durante el final del Paleozóico (370-290 Ma) los continentes de Laurussia (Euroamérica) y Gondwana (África, Sudamérica, Australia, Antártida, India y Arabia) colisionaron, como si de un «puzzle» se tratara, formando la gran masa continental de Pangea, el supercontinente más reciente de la historia geológica de la Tierra. Esta descomunal colisión, desarrollada a lo largo de un periodo de unos 100 millones de años, es la denominada Orogenia Varisca o Hercínica, que dio lugar a cordilleras en la zona de sutura.

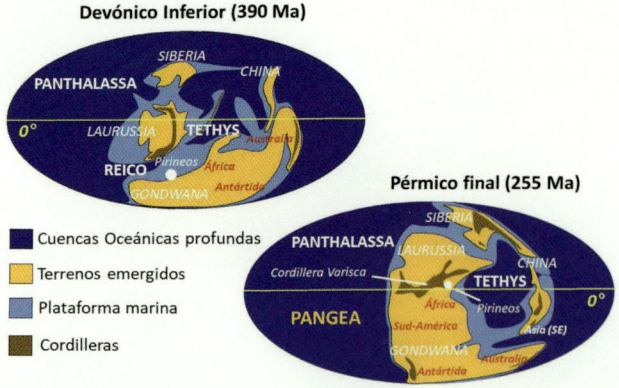

Movimiento de las masas continentales durante el Paleozóico

Posteriormente, durante un prolongado espacio de tiempo hasta finales del Pérmico (250 Ma), la erosión destruyó la mayor parte de los relieves variscos, quedando reducidos a extensas llanuras. A partir de entonces, la tectónica compresiva que había dominado durante la fase principal de la orogenia Varisca se invierte, comenzando un periodo distensivo, de rifting y Pangea comenzó a fracturarse. Se individualizaron nuevas cuencas que recibían sedimentos procedentes de la erosión de los relieves variscos. Este proceso se prolongó durante mas de 200 millones de años, hasta que Iberia y Europa comienzan su convergencia. Empieza así un nuevo ciclo orogénico, es el ciclo Alpino cuya fase final se desarrolló a finales del Eoceno (~30 Ma), responsable de la actual configuración de los Pirineos.

FICHA TÉCNICA

Punto de partida: Parking du Pic de Mondarrain.
Coordenadas: 30T   X: 627947   Y: 4796850
Recorrido: I / V.   **Distancia:** 7 km.
Desnivel: 392 m.   **Desnivel acumulado:** 600 m.
Tiempo en movimiento: 2 h 15 min.
Dificultad técnica: Fácil.

CARACTERÍSTICAS GEOLÓGICAS

Estructura: Cabalgamientos. Macizo Paleozoico de
        Cinco Villas - Aldudes
Litología en cumbre: Cuarcitas blancas.
Edad de la cumbre: Devónico Inferior (~419-393 Ma).

Beriain

(1493 m) (Sierra de Andia)

Ihurbain — Portillo de Unanu — Beriain
7 — 5 — 6
4
1
2 — 3
Fuente de Iturtxiki
Unanu

ITINERARIO

Su pendiente es moderada al comienzo y fuertemente inclinada antes de llegar al plano de la sierra. Atraviesa una potente serie carbonatada, de rocas progresivamente más modernas. Es una serie homoclinal ya que los estratos que la constituyen están inclinados en el mismo sentido (NNE) unos 35°.

PIG	Coordenadas	Altitud	Descripción
Inicio	30T X: 5801393 Y: 4748635	635 m	Iglesia de San Pedro de Unanu.
BE 01	30T X: 581293 Y: 4748926	895 m	Panorámica de la serie estratigráfica.
BE 02	30T X: 581521 Y: 4748805	976 m	Afloramiento del bosque. Parabrechas.
BE 03	30T X: 581679 Y: 4748900	1035 m	Salida del bosque. Calcarenitas.
BE 04	30T X: 581925 Y: 4749149	1230 m	Plano de falla brechificado.
BE 05	30T X: 582242 Y: 4749215	1400 m	Portillo de Unanu. Calizas bioclásticas.
BE 06	30T X: 583267 Y: 4748919	1494 m	Cumbre del Beriain. Sinclinal colgado.
BE 07	30T X: 582263 Y: 4749339	1429 m	Punta de Ihurbain. Geopanoramica.

BE 01. Panorámica de la serie estratigráfica de la Sierra de San Donato

Después de la fuente de Iturtxiki, hacia el NW, se observa una panorámica de toda la serie estratigráfica. Los materiales que la constituyen se depositaron en un ambiente marino, durante un periodo geológico de casi 40 millones de años, caracterizado por variaciones del nivel del mar influidas por movimientos tectónicos, que cambiaban las condiciones del medio sedimentario. Durante los periodos compresivos, el fondo de la cuenca se elevaba, y en los de calma se hundía, alcanzando el mar una mayor profundidad.

La llamativa diferencia de relieve en el perfil, con formas suaves ligeramente redondeadas en la parte inferior y abruptas en el tramo superior, se debe a la distinta resistencia de las rocas a la erosión. El Cretácico Superior y Paleoceno en la parte inferior, de composición más margosa, se erosionan más fácilmente que las calizas y margocalizas del Eoceno, situadas por encima.

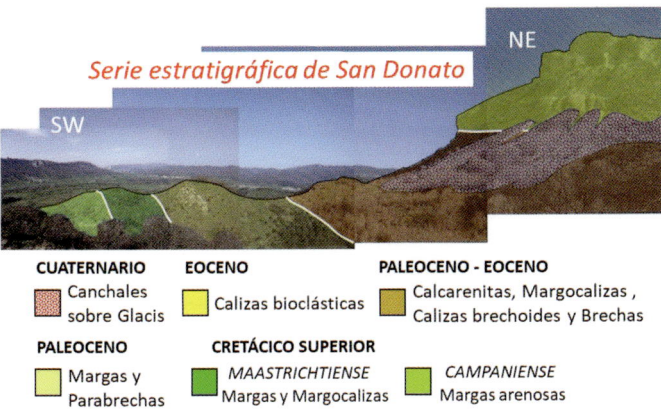

Serie estratigráfica de San Donato

CUATERNARIO
Canchales sobre Glacis

EOCENO
Calizas bioclásticas

PALEOCENO - EOCENO
Calcarenitas, Margocalizas , Calizas brechoides y Brechas

PALEOCENO
Margas y Parabrechas

CRETÁCICO SUPERIOR
MAASTRICHTIENSE
Margas y Margocalizas

CAMPANIENSE
Margas arenosas

BE 02. Calizas brechoides del Paleoceno e inicio del Eoceno (~ 66 - 54 Ma)

Unos metros por encima de una captación de agua, se observa un llamativo y aislado afloramiento de brechas del Paleoceno, constituidas por fragmentos carbonatados irregulares y de tamaño variable. Tales características hacen pensar en una re-sedimentación, pero sin un transporte prolongado. Estos depósitos se originaron a partir del desplome de masas de material situadas en zonas de pendientes inestables del fondo marino. A lo largo de todo este periodo, el medio sedimentario en esta zona de la CVC, correspondía a una zona de talud en la que la sedimentación estaba controlada de manera muy directa por las variaciones del nivel del mar. Durante los periodos de descenso se reactivaba la erosión, excavando profundos canales sobre el borde de la plataforma externa y en la zona del talud, con depósito al pie del mismo. A medida que el nivel del mar se recuperaba, la sedimentación era menos caótica, depositándose calcarenitas primero y margocalizas después, cuando el nivel del mar era más elevado. En el recorrido se observarán varios episodios con brechas de talud, que testifican la reactivación de la erosión subsecuente al descenso del nivel del mar.

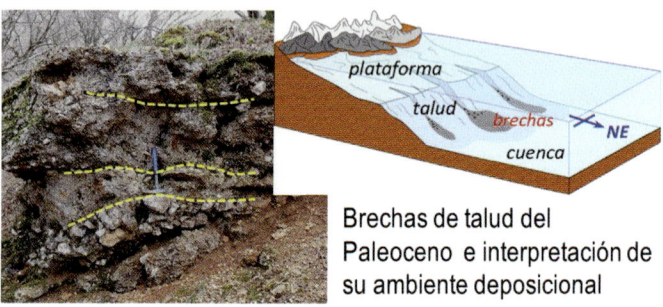

Brechas de talud del Paleoceno e interpretación de su ambiente deposicional

BE 03. Calcarenitas a la salida del bosque

Sobre un terreno con abundantes cantos sueltos, la senda se estrecha y discurre pegada a un pequeño talud casi vertical. La roca es una caliza gris que en corte fresco presenta un color beige. Se agrupa en estratos de 1 a 2 dm atravesados por una densa fracturación en la que se distinguen varias familias de diaclasas. Las superficies de estratificación y las diaclasas delimitan bloques casi cúbicos que se desprenden sobre el camino.

detalle

Observando con detalle algún corte fresco de la roca se distinguen pequeños granos de caliza de color blanco y tamaño arena. Este tipo de roca caliza es una calcarenita. Los granos aparecen bien cementados entre sí, dando a la roca una elevada competencia (resistencia mecánica a la rotura). Su origen habría que situarlo en una rampa marina afectada por el oleaje.

BE 04. Plano de falla brechificado

Al final del coluvial herboso, en la pronunciada pendiente, aparece un plano de roca limpia con fuerte inclinación, a partir del cual el camino discurre sobre la roca desnuda. Se trata de un plano de falla, es decir, una superficie sobre la cual se han deslizado 2 grandes bloques de roca. Paralelamente al plano hay una banda de roca brechificada, de origen tectónico, formada debido a la fricción de los bloques, sin relación alguna con las brechas que hemos visto con anterioridad.

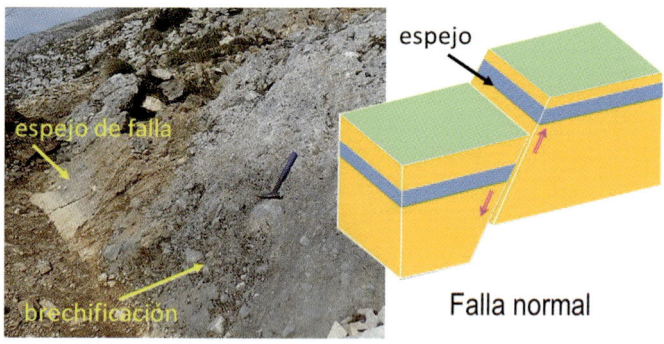

Sobre el espejo de falla se aprecian una serie de estrías que indican la dirección de movimiento de los bloques deslizados. El movimiento relativo de esta falla, supuso el hundimiento del bloque SW. El plano de falla está, por lo tanto, inclinado hacia el bloque hundido lo que indica que se trata de una falla normal, originada por esfuerzos extensionales.

BE 05. Portillo de Unanu. Calizas bioclásticas

Un pequeño paso nos da acceso a la planicie que corona la sierra de San Donato. Las rocas que lo flanquean son calizas bioclásticas y calcarenitas. En detalle se observa que están formadas por numerosos fragmentos de diferente tamaño y naturaleza. Se distinguen desde variados restos fósiles hasta granos de carbonato de diferente tamaño, así como fragmentos de barro carbonatado de contorno irregular. Si deslizamos la palma de la mano sobre su superficie notaremos un «tacto lijoso» debido al desprendimiento y disolución de pequeños gránulos de su superficie. Presentan una visible estratificación ondulada y cruzada de bajo ángulo. Algunas de las superficies son de naturaleza erosiva. Esta estructura puede atribuirse a la acción de corrientes de oleaje de carácter oscilatorio en un medio poco profundo y probablemente afectado por la acción de las tormentas.

Calizas bioclásticas y Calcarenitas (detalle)

BE 06. Cumbre de Beriain. Sinclinal colgado

Según nos acercamos hacia la cumbre, el aspecto de las calizas es más tableado y la estratificación cruzada se hace más patente que en el portillo de Unanu, indicando una mayor energía de las corrientes y una menor profundidad del mar.

Desde la zona cimera, las vistas son preciosas. Hacia el E, la llanura cimera nos da una perspectiva magnífica del sinclinal de San Donato, sobre cuyo núcleo nos encontramos. Se aprecia muy bien el buzamiento (inclinación) de sus flancos en sentido opuesto, lo que permite clasificar este pliegue como sinclinal. Hacia el W podremos ver la continuación del sinclinal hasta el extremo de la sierra.

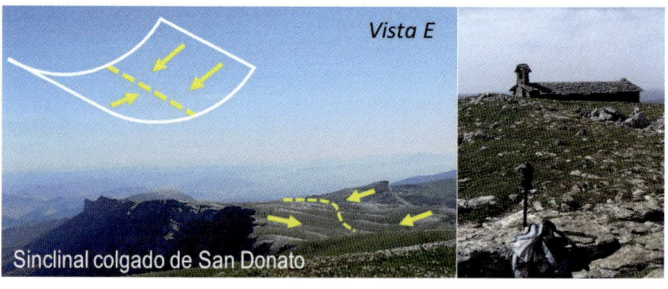

Cumbre y panorámica del sinclinal colgado de San Donato

También hay una buena perspectiva del impresionante escarpe N de la sierra, modelado por la erosión diferencial del rio Arakil a lo largo de la Sakana y en el lado opuesto el valle de Ergoiena, modelado por el rio Leziza. Esta profunda erosión a ambos lados es la causa de que el sinclinal haya quedado colgado respecto de ambas márgenes.

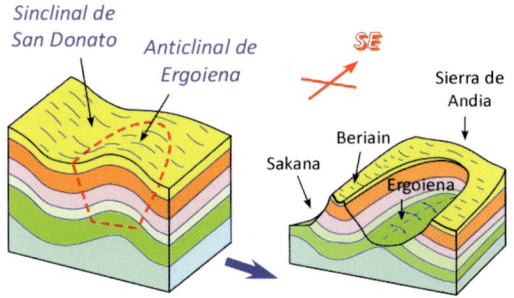

Esquema ilustrativo de la formación de un relieve inverso

BE 07. Punta de Ihurbain (1420 m). Geo-panorámica

Desde la ermita, nos dirigiremos, en sentido W, hacia el final de la sierra, donde se encuentra la cumbre de Ihurbain. Mirando hacia el N observamos el macizo de Aralar, en el que resaltan por su color blanquecino las litologías calizas, depositadas entre el Jurásico (200 Ma) y el Cretácico Inferior (100 Ma), durante un periodo de tiempo muy anterior a las de la sierra de San Donato del Eoceno Medio (45 Ma).

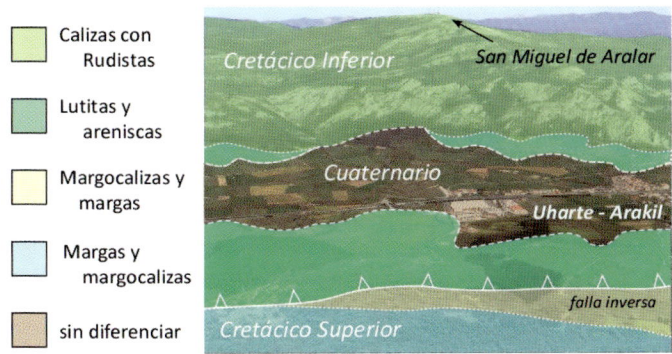

Geo-panorámica de la Sakana y Aralar desde la punta de Ihurbain

Los movimientos compresivos de la orogenia Alpina, a partir del Eoceno – Oligoceno (~33 Ma) originaron el levantamiento y la estructura de la sierra de San Donato. Esta prominencia fue modelada posteriormente por la erosión, principalmente debida a las incisiones fluviales que aprovecharon las discontinuidades litológicas producidas por las fallas de la Sakana y del valle de Ergoiena, a ambos lados de la sierra. Consecuencia de este proceso erosivo es formación de un relieve inverso tal como se aprecia en el corte geológico transversal a la Sierra de San Donato: el valle en la cúpula anticlinal y las cumbres en el sinclinal.

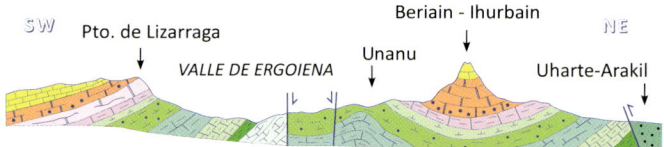

LAS FUENTES DE SAN DONATO

En los periodos de lluvias intensas, en la ladera N de la sierra aparecen unos impresionantes chorros de agua que surgen a media altura de la misma. Este llamativo fenómeno se debe a las diferencias de permeabilidad de las rocas que constituyen la sierra. La mayor parte de la misma es de origen kárstico, originada por la disolución de la caliza con el paso del tiempo, por el agua de lluvia ligeramente ácida que penetra a través de las fracturas.

En situación ordinaria, el agua infiltrada sigue su camino en flujo lento por efecto de la gravedad hacia la base de la misma, por efecto de la gravedad, surgiendo en pequeños manantiales. En periodos de fuertes lluvias o fusión rápida del manto nival, la entrada de agua en la vertical es mucho mayor y las capas inferiores de menor permeabilidad, con una capacidad de drenaje ahora insuficiente, actúan como una barrera, favoreciendo la acumulación temporal de agua en su límite. Entonces es drenada lateralmente, siempre a través de la trama de fisuras, dando lugar a estas llamativas y aéreas surgencias.

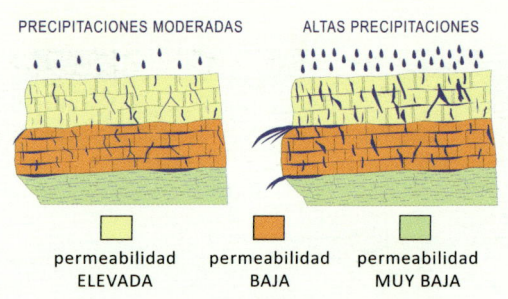

Infiltración de las aguas en diferentes periodos meteorológicos

FICHA TÉCNICA

Punto de partida: Iglesia de San Pedro en Unanu
(Municipio de Ergoiena).
Coordenadas: 30T   X: 580117   Y: 4748635
Recorrido: I / V.   **Distancia:** 12,5 km.
Desnivel: 850 m.   **Desnivel acumulado:** 910 m.
Tiempo en movimiento: 3 h 17 min.
Dificultad técnica: Moderada.

CARACTERÍSTICAS GEOLÓGICAS

Estructura: Sinclinal colgado de Beriain.
Litología en cumbre: Calizas bioclásticas y calcarenitas.
Edad de la cumbre: Luteciense Inferior (41 Ma).

Lakartxela

(1979 m)   (Macizo de Kartxela)

Keleta   7 Lakartxela
              6
5   4   Binbaleta
      3   2
   1
                Yeguaceros

Google Earth

ITINERARIO

El macizo de Kartxela constituye parte de la cabecera del valle glaciar de Belagua. Con orientación NW-SE, destaca visiblemente a lo largo del itinerario, aunque la cumbre de Lakartxela no será visible hasta poco después de sobrepasar el collado de Kartxela. Su llamativo porte rocoso está constituido por calizas de edad Paleoceno que se apoyan sobre lutitas del Maastrichtiense, las rocas más antiguas. El recorrido transcurre desde las rocas más antiguas hasta las más modernas, cubriendo un intervalo geológico deposicional de unos 6 millones de años.

PIG	Coordenadas	Altitud	Descripción
Inicio	30T X: 675678 Y: 4756802	1381 m	Yeguaceros (Carretera NA-137. Pk 50,2).
LK 01	30T X: 674394 Y: 4757356	1407 m	Morrena de Kartxela. Panorámica.
LK 02	30T X: 674116 Y: 4757596	1412 m	Collado de Arrakagoiti. Kakueta.
LK 03	30T X: 673793 Y: 4757804	1457 m	Lutitas con Inocerámidos. Maastrichtiense.
LK 04	30T X: 672411 Y: 4757769	1800 m	Collado de Kartxela.
LK 05	30T X: 672256.9 Y: 4757580	1930 m	Conglomerados calizos. Clinoformas.
LK 06	30T X: 672076 Y: 4757575	1429 m	Cumbre de Lakartxela.

ESTRUCTURA GEOLÓGICA DEL MACIZO DE KARTXELA

El choque de la placa Iberia, empujada por la placa África, contra la placa Eurasia, a finales del Eoceno (~30 Ma), provocó el cierre del Golfo de Bizkaia y el levantamiento de los Pirineos (orogenia Alpina).

Los esfuerzos tectónicos plegaron y fracturaron las rocas hasta entonces depositadas, trastocando la posición original de las mismas. Si nos fijamos a un lado y otro del valle por el que asciende el itinerario, comprobaremos que la continuidad de las capas a ambos lados se pierde, siendo su inclinación opuesta. Se debe al cabalgamiento que levanta toda la ladera N (Binbalet) sobre la S (Macizo de Kartxela). Una vez alcanzado el collado de Kartxela, se atravesará una potente escama de conglomerados calizos del Daniense, que cabalga sobre el flanco N del sinclinal invertido que se observará una vez alcanzada la cumbre.

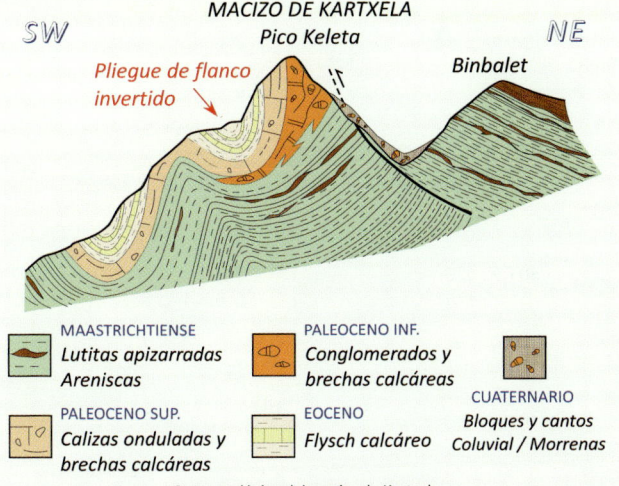

Corte geológico del macizo de Kartxela

LK 01. Morrena de Kartxela. Panorámica

Antes de llegar al collado de Arrakogoiti hay una buena panorámica de una *morrena* residual, que ocupa el valle por cuyo margen N ascenderemos. Se originó por un pequeño glaciar ya desaparecido que modeló el valle durante la última glaciación (20 Ka). Los depósitos actuales de este pequeño circo - valle son de origen mixto: debidos a la acumulación y arrastre gravitatorio del hielo glaciar, y al desprendimiento de fragmentos de roca de los escarpes, por el efecto de la *cuña de hielo* y la gravedad. Tendremos la oportunidad de ver en detalle este tipo de sedimentos a lo largo del camino.

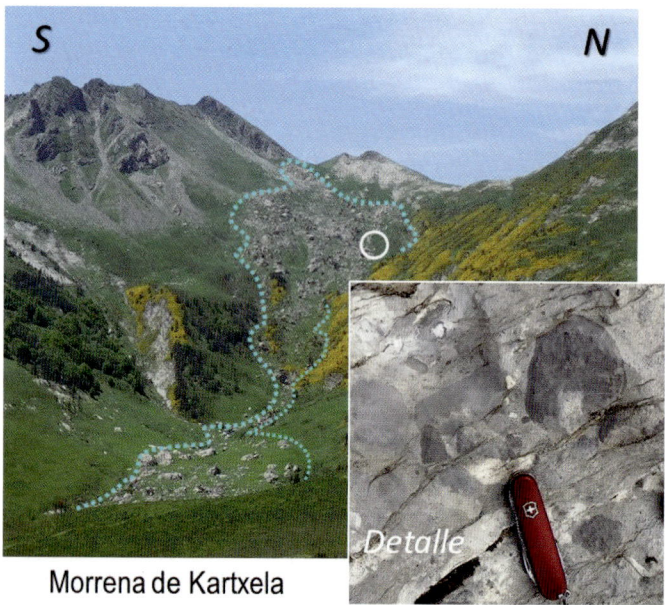

Morrena de Kartxela

LK 02. Collado de Arrakogoiti. Garganta de Kakueta

Este collado es un tramo de la divisoria entre las aguas que terminarán en el Cantábrico (Kakueta) y Mediterráneo (Belagua). Si el día está despejado, merece la pena asomarse a la vertiente N para observar la cicatriz de la garganta de Kakueta. La formación de este profundo desfiladero se debe al efecto incisivo y continuo de las aguas del deshielo glaciar, procedente de las grandes cantidades de hielo acumuladas en los circos limítrofes de pendiente arriba, durante la última glaciación pleistocena de hace 20.000 años. Este deshielo se inició hace 11.700 años cuando comenzó un periodo climático cálido (Holoceno). En su rápido descenso las aguas erosionaron las lutitas del Maastrichtiense, penetrando después la roca caliza infrayacente. Además de Kakueta, en la vertiente N de esta zona de Pirineos casi perpendiculares a la alineación montañosa, son llamativas varias gargantas: Holtzarte,y Ehuyarre las más cercanas, formadas todas ellas mediante el mismo proceso.

GLACIARISMO DEL MACIZO DE KARTXELA

En el pasado geológico reciente, a finales del Pleistoceno, hace unos 20.000 años, el clima de la Tierra fue mucho más frío que el actual lo que permitió el desarrollo de un importante glaciarismo en los Pirineos. El importante trasiego de agua evaporada desde el océano se desplazó hacia los continentes, depositándose en forma de nieve y formando potentes capas de hielo que cubrieron extensas áreas del Pirineo. Ese gran desplazamiento de agua provocó un importante descenso del nivel del mar, en torno a 130 m por debajo del actual. Posteriormente, hace 11.700 años, comenzó un periodo climático cálido (Holoceno) provocando el rápido deshielo de las masas glaciares. En las proximidades del macizo de Kartxela existieron algunos pequeños glaciares que ocupaban los circos de cabecera de algunos valles como el del recorrido o el de Lakora, bien visible desde Arrakogoiti. La masa de hielo glaciar en su desplazamiento por gravedad arrancaba rocas del substrato, dando lugar a *morrenas*. La acumulación glaciar en circos de cabecera contiguos produjo el afilado perfil de algunos collados como Arrakogoiti y Kartxela. Luego, las aguas del deshielo, de gran poder erosivo, penetraron las rocas del substrato produciendo profundas gargantas.

LK 03. Lutitas con Inocerámidos del Maastrichtiense (72 - 66 Ma)

Después del collado de Arrakogoiti, a la derecha del camino, se observan en detalle las lutitas del Maastrichtiense, por las que se ha transitado desde el inicio. Son de colores gris-verdosos, con una estructura en detalle formada por lechos milimétricos de perfil ondulado. Se trata de una laminación cruzada de *ripple*, originada por suaves corrientes cargadas de material fino que circulaban sobre el fondo marino. Fijándose bien, se aprecian granos de arena y pequeñas manchas blanquecinas que corresponden a lechos arenosos que se depositaron sobre las lutitas, en periodos de mayor intensidad de la corriente. Se denominan «turbiditas distales» depositadas en un ambiente marino profundo, a partir de corrientes de turbidez (nubes de sedimento) generadas tras colapsos gravitacionales, en zonas de pendiente del borde de la plataforma marina o de un delta.

Turbiditas distales en las lutitas del Maastrichtiense

A estos sectores, alejados de las zonas de colapso, las corrientes llegaban ya muy debilitadas, sólo con capacidad para transportar materiales de grano fino. Esporádicamente estos depósitos eran interrumpidos por corrientes más densas que depositaban lechos arenosos. En este ambiente profundo, vivían dispersos unos bivalvos hoy extinguidos, los Inocerámidos, que podían alcanzar grandes dimensiones (más de 1 m) de los que se observan algunos fragmentos de sus conchas.

LK 04. Collado de Kartxela o Belai

La repentina panorámica al alcanzar el collado impresiona por su belleza. Se ha perfilado sobre el contacto entre las lutitas del Maastrichtiense al N (Binbaleta) y los conglomerados calizos del Daniense al S (Kartxela oriental). La erosión ha desgastado las lutitas, mucho más blandas, dando lugar a este collado de suave forma. A un lado y otro de esta divisoria, la pendiente es elevada debido al desgaste de dos pequeños circos glaciares contiguos.

LK 05. Conglomerados y brechas calizas. Paleoceno (Daniense)

Con la cumbre ya a la vista, atravesaremos un corto e inclinado tramo de roca. A continuación, desde el tramo herboso se observa una pared constituida por los conglomerados y brechas calizas que acabamos de atravesar. Su aspecto caótico es muy llamativo, permitiendo deducir las características que tenía el medio sedimentario durante el Daniense (66 – 64 Ma). Además de superficies de estratificación, originalmente paralelas al fondo marino, se aprecian otras claramente oblicuas y curvadas, consecuencia de deslizamientos del material que se depositaba sobre el fondo. El empuje de este material deslizante truncó muchos de los estratos que se depositaban paralelamente al fondo. Estas *clinoformas*, reflejan la existencia de una pendiente original del fondo marino.

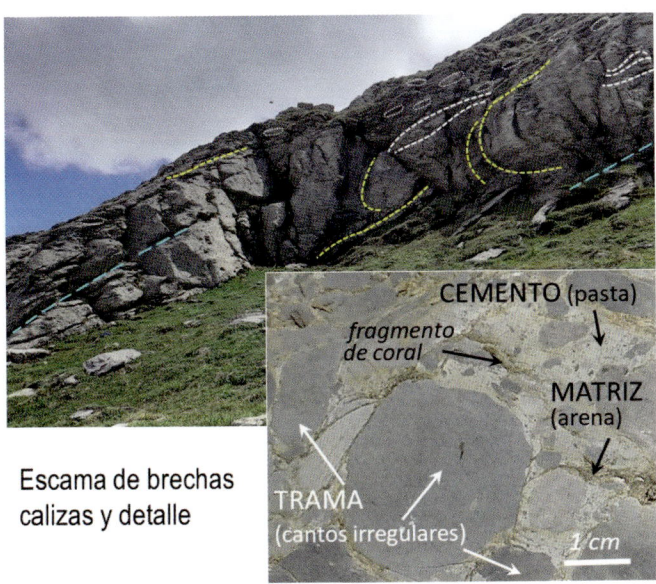

Escama de brechas calizas y detalle

CEMENTO (pasta)

fragmento de coral

MATRIZ (arena)

TRAMA (cantos irregulares)

1 cm

PALEOCENO. EL PALEO-GOLFO DE BIZKAIA (66 – 59 MA)

Durante el Paleoceno, el área hoy ocupada por el macizo de Kartxela era una zona de borde de un extenso talud, que limitaba una amplia y profunda ensenada del océano Atlántico. Se adentraba hasta las inmediaciones de los Pirineos centrales, correspondiendo al original Golfo de Bizkaia antes del cierre que originó su actual configuración.

A lo largo de ese periodo, se registraron varios intervalos de caída del nivel del mar que provocaron un aumento de la inestabilidad en el borde del talud, dando lugar a importantes colapsos gravitatorios, que depositaron de manera caótica el material desestabilizado, sobre la superficie y pie del mismo. Los depósitos de conglomerados y calizas brechoides, tan característicos del macizo, con sus vistosas estructuras de deslizamientos en masa, observables «in situ» a partir del collado de Kartxela, son consecuencia de ellos.

LK 06. Cumbre de Lakartxela

Una vez allí, tendremos una magnífica panorámica de 360°. Hacia el NW, Orhi, Otsogorrigaña, éste con un bonito pliegue en caja en su base, y Belai más al N. Hacia el E, en el horizonte, se divisa una línea de cumbres, todas ellas referentes del Pirineo occidental.

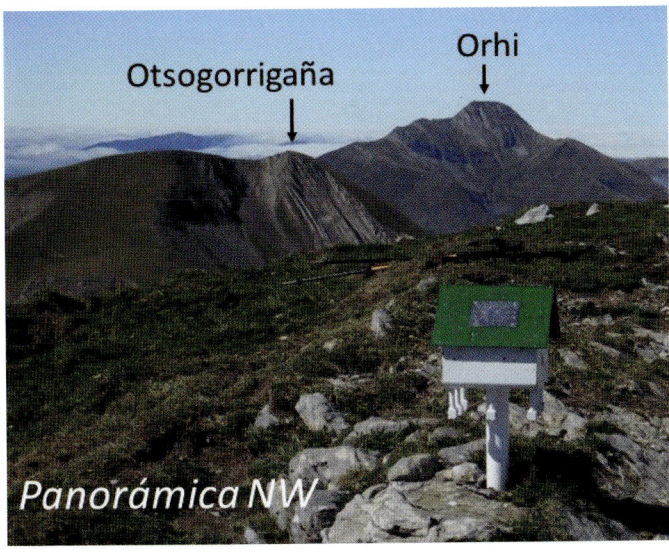

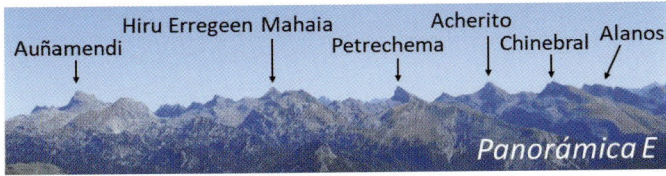

Desde la cumbre, en el fondo del valle de su vertiente S, es bien visible un pliegue sinclinal cuyo flanco N está invertido. Permite visualizar que la estructura del macizo de Kartxela corresponde a este flanco invertido del pliegue. Su núcleo está constituido por rocas del Eoceno (~ 52 Ma) las más modernas de todo el macizo.

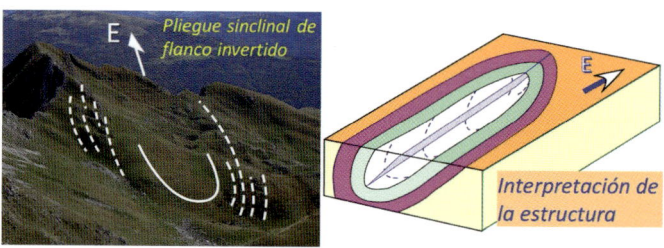

Pliegue sinclinal de flanco invertido

Interpretación de la estructura

FICHA TÉCNICA

Punto de partida: Yeguaceros. Carretera NA-137, p.k. 50,2.
Coordenadas: 30T X: 675678   Y: 4756803
Recorrido: I / V.   **Distancia:** 9,2 km.
Desnivel: 680 m.   **Desnivel acumulado:** 710 m.
Tiempo en movimiento: 4 h 30 min.
Dificultad técnica: Moderada.

CARACTERÍSTICAS GEOLÓGICAS

Estructura: Flanco N invertido de un sinclinal.
Litología en cumbre: Calizas tableadas y calcarenitas.
Edad de la cumbre: Paleoceno: Daniense Superior (~ 64 - 62 Ma).